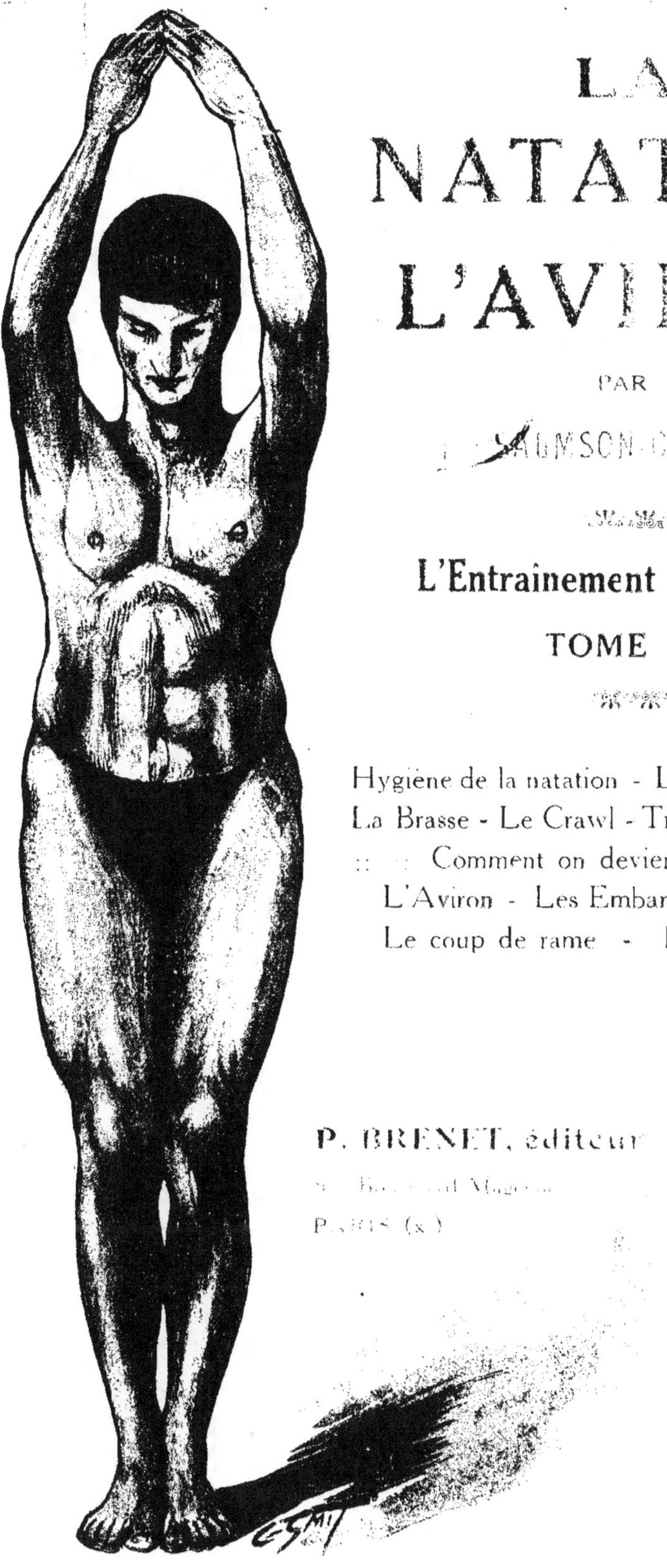

LA NATATION
L'AVIRON

PAR

J. AUMSON-CREAY

L'Entrainement Américain

TOME IV

Hygiène de la natation - Les Nages modernes
La Brasse - Le Crawl - Trudgen - Over-Arm
:: :: Comment on devient un nageur :: ::
L'Aviron - Les Embarcations de course
Le coup de rame - Hygiène spéciale

P. BRENET, éditeur

Boulevard Magenta

Paris (x)

Natation et Aviron

L'ENTRAINEMENT AMÉRICAIN

Natation et Aviron

PAR

SALMSON-CREAK

TOME IV

P. BRENET, Editeur
66, BOULEVARD MAGENTA, 66
PARIS (Xe)

PREMIÈRE PARTIE

LA NATATION

I

L'homme n'a pas à-sa naissance, comme le plus grand nombre des animaux, la faculté de se soutenir et de se mouvoir dans l'eau ou à sa surface.

Afin d'obtenir ce résultat, il sera obligé de se soumettre à un apprentissage spécial.

Cet apprentissage consiste en une série de mouvements combinés, des membres antérieurs et postérieurs.

Ces mouvements se résument à ramener les membres postérieurs près du tronc et d'étendre les antérieurs en avant.

Les quatre membres ainsi placés sont rejetés brusquement en arrière.

Le corps est amené de cette façon à exécuter sur l'eau une sorte de pression continue, dans le but de trouver un point d'appui toujours fuyant.

C'est là, en quelque mots, toute la technique de la nage, qu'elle soit française ou américaine. Les procédés diffèrent en apparence, mais, en réalité, ils se ressemblent toujours, le résultat à atteindre restant le même.

En principe, si l'on tient compte de la densité du corps humain, tout individu en eau profonde devrait surnager, s'il a les poumons gonflés d'air, s'il se trouve allongé sur le dos, la tête renversée en arrière et les bras sous la surface.

La réalité est un peu différente malheureusement, c'est pourquoi la pratique de la natation est nécessaire.

Dans les mouvements que nous venons de schématiser, on peut remarquer que le rôle des bras est surtout de chercher le point d'appui, tandis que les jambes servent à la motion.

Il est évident par conséquent que leur coordination doit être aussi complète que possible.

Or si nous détaillons ces divers mouvements

nous nous apercevons que la natation apparaît comme le plus général des sports. Avec elle, bras, jambes, muscles lombaires et abdominaux, travaillent à plein rendement.

Toutefois l'efficacité de cet exercice au point de vue sportif disparaîtra dès que l'on dépassera la normale, c'est-à-dire que l'on ira au delà de ses forces. Ce devient alors une fatigue excessive qui entraîne l'inaptitude à tous les autres sports.

Si l'on a suivi notre méthode d'entraînement, nous conseillerons de ne débuter dans la nage, qu'une fois l'entraînement du tome I terminé.

A ce moment, l'athlète est en possession de ses moyens respiratoires ; il sait inspirer à fond et expirer sans saccades. Les poumons ont en outre atteint un bon développement et il est permis de réclamer quelques efforts de leur résistance.

Or, disons-le tout de suite : la respiration est la base de la natation. Sans elle pas de nage rapide ou de longue durée ; sans elle également il y a fatigue des poumons et par conséquent du cœur.

Il est excellent, assurément, d'apprendre à

nager aux jeunes enfants; mais nous voudrions que, dans ce cas, on sache limiter la durée du bain. Malheureusement il n'en est rien et ce seront surtout les enfants qui abuseront de leur vigueur toute neuve.

En vérité, il y a temps pour tout et la précipitation n'est jamais qu'une imprudence.

. Rien n'empêche d'ailleurs de soumettre au préalable un enfant à notre entraînement du tome I, si là encore on sait doser l'effort.

Quoique l'on en dise, et l'avenir sans doute prouvera la véracité de cette affirmation, ce n'est qu'à partir de quinze ans qu'un garçon peut se livrer aux sports avec fruit.

Avant, il se contentera de la marche et des jeux. Puis, à quinze ans, si l'entraînement est mené d'une façon rationnelle, il obtiendra des résultats rapides. A dix-huit, il sera en pleine forme, prêt à prendre part aux grands championnats.

Donc pour ce qui regarde la natation, il ne fera de la nage véritable que vers quinze ans et demi environ.

Nous demandons au minimum trois mois d'entraînement à la respiration et à la marche rythmée. Trois **autres** mois pour le développement musculaire et l'on sera en état de faire immédiatement un bon nageur.

Cette progression prise au rebours, aura l'inconvénient de rendre beaucoup d'adolescents inaptes à divers sports.

Il ne faut pas oublier en effet que la nage, soit rapide, soit sur un long parcours, réclame un gros effort physique, bien autrement prolongé et violent que le lancer, par exemple, voire la course.

Dans ces conditions, il est nécessaire d'y pré-

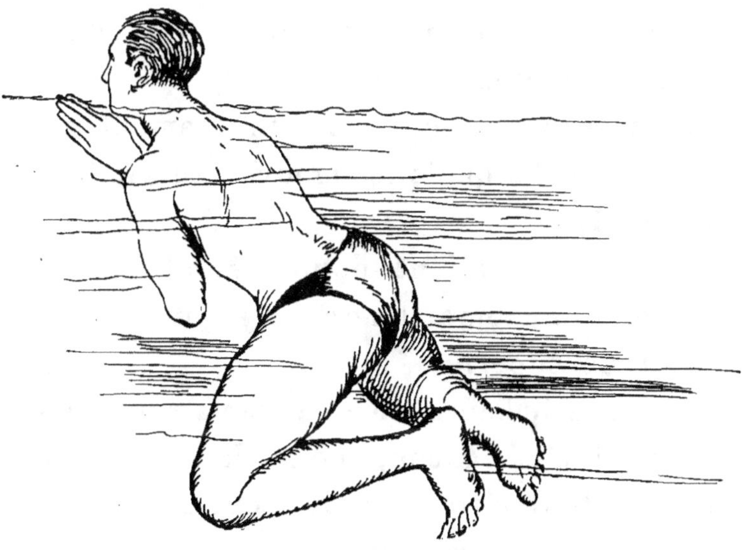

Fig. 1. — Brasse française, position de départ.

parer le corps par une progression rationnelle, qui développe tour à tour : le squelette, les muscles, les poumons et la résistance du cœur.

L'alimentation sera celle que nous avons indiquée au tome I, avec son régime du sportif.

On évitera la grande quantité de farineux et l'on donnera la préférence aux viandes grillées, au sucre. Le pain sera pris à petites doses; l'alcool absolument prohibé; le café, seulement toléré, mais sans excès

Il n'existe pour ce sport aucune hygiène spéciale. On se rapportera à ce propos, à ce que nous avons dit aux tomes I et II. Le bain ne doit pas dispenser du tub matinal, ni du bain de propreté hebdomadaire.

Le massage du soir, sera uniquement celui du tome I et les quelques mouvements indiqués au tome III.

Les autres feraient double emploi avec la natation elle-même et serait donc une cause de fatigue superflue.

La durée du bain n'excédera jamais une demi-heure; plutôt beaucoup moins dans les débuts. En période d'entraînement, pour un concours quelconque, il serait préférable de faire deux

séances, chacune de vingt minutes environ.

Les tremblements convulsifs qui se produisent quelquefois au sortir de l'eau, seraient souvent une contre-indication de la natation. En
tout cas, ils annoncent toujours que le bain
s'est trop prolongé.

Le premier bain ne devrait pas excéder dix
minutes, surtout pour un enfant. On ira ensuite
progressivement jusqu'aux vingt minutes.

La demi-heure complète ne sera tolérée
qu'après une longue habitude.

La sensation de froid que l'on ressent en se
mettant à l'eau, est presque générale. Pour
l'éviter, on ne suivra pas les conseils des mata-
mores qui prétendent que l'on doit se jeter
crânement. C'est là une habitude pernicieuse
pour le cœur.

Au contraire, on prendra la précaution de
s'immerger lentement. On descendra d'abord
les pieds, avec les mains, on mouillera les
cuisses, puis l'on descendra encore.

Le véritable saisissement se produit à partir
de la poitrine. Une fois que l'on sera jusqu'à
la ceinture, on s'aspergera un instant les pec-

toraux, les épaules, l'estomac. A ce moment seulement on plongera.

C'est pourquoi l'on n'exécutera jamais de plongeon, sans une première immersion et après avoir tiré quelques brasses, afin de rétablir la circulation.

Le bain se prend, au minimum, *deux bonnes heures* après le repas. L'impatience en l'occurrence est presque toujours fatale.

Après le bain, une boisson chaude, accompagnée d'une légère collation est à recommander. Pour cette collation, le pain et la confiture forment un mets de choix, la boisson sera de préférence, un thé très sucré et très chaud.

En sortant du bain, sans attendre, il faut se revêtir d'un peignoir. Il vaut mieux ne pas s'essuyer à l'air et se sauver pour cette tâche, soit dans une cabine, soit chez soi.

Ce séchage s'opère bien si on le pratique comme nous l'avons indiqué au tome I.

Tout rhume, voire de cerveau, toute affection pulmonaire passagère, prohibent absolument le bain. C'est risquer une aggravation dangereuse dans presque tous les cas.

Les crampes si elles se produisent fréquemment contre-indiquent la natation. Elles proviennent de multiples causes, qu'il serait trop long d'étudier ici.

Quand elles se manifestent par hasard, c'est uniquement l'indice d'une fatigue musculaire, qu'un repos, plus ou moins prolongé, guérira.

Quoiqu'il en soit, lorsqu'on en ressent les premiers symptômes, fort reconnaissables à l'engourdissement progressif du membre atteint il faudra laisser aller ce membre naturellement et lui permettre de prendre la position qui lui conviendra. Sans perdre de temps, on reviendra au bord, où l'on s'enveloppera du peignoir.

Si la crampe ne disparaît pas rapidement, un léger massage ramènera l'élasticité au muscle fatigué.

Mais, répétons-le, les crampes fréquentes conseillent au nageur d'abandonner la natation, comme grand sport. Il pourra assurément s'y adonner quelques minutes chaque jour, en s'entourant de toutes les précautions nécessaires.

A partir d'un certain âge, le bain froid, et par conséquent la natation, ne sont plus à recommander, l'homme étant à cette époque trop enclin aux congestions viscérales.

L'heure la meilleure pour le bain, est l'après-midi, entre quatre et six heures.

La température de l'eau devra varier entre 15 et 24 degrés centigrades.

Même par les grandes chaleurs, il faut craindre les chauds et froids, en sortant de l'eau. La précaution de s'envelopper du peignoir immédiatement est toujours excellente.

Enfin disons que pour nager en course, c'est-à-dire s'entraîner pour les grands championnats, il est nécessaire d'avoir terminé l'entraînement du tome III. A ce moment seulement on sera un véritable athlète, susceptible de supporter de gros efforts.

Nous en avons fini, avec les quelques généralités que nous suggère l'étude de la natation, au point de vue sportif et physiologique. Nous allons maintenant en étudier la technique.

II

La première de toutes les nages et la plus complète au point de vue sportif, est assurément la brasse française. C'est à elle que le débutant, le sportif à l'entraînement, doit s'adresser, s'il souhaite la mise en action régulière de tous les muscles.

Toutes les autres, qu'elles soient d'origine américaine, anglaise ou norvégienne, restent dans le domaine de la fantaisie pour athlète déjà longuement entraîné.

La vieille coupe française, de même que la marinière, toutes deux fort délaissées aujourd'hui, avaient sans contredit sur les nages modernes, de grands avantages athlétiques.

Donc pour apprendre à nager, il faudra tout d'abord s'adapter la brasse.

La techniqne de celle-ci, est la suivante :

1er temps : position de départ : les mains sont jointes sous le menton, les bras repliés, les coudes ramenés près du corps.

Les genoux sont largement écartés au dehors, les talons rapprochés.

2e temps, départ : allonger régulièrement, sans brusquerie, bras et jambes.

Dans ce mouvement, les mains restent jointes et s'en vont uniquement en avant, les mollets s'étendent, sans que les genoux se soient déplacés.

Insistons bien sur le fait que cette extension doit être réalisée sans brusquerie, c'est ce que les débutants ne parviennent d'ordinaire à comprendre. La nage ne consiste pas en mouvements rapides ou brusques, mais en mouvements *rythmés*.

3e temps, 2e mouvement de progression, les mains tournent sur le poignet et viennent se poser à plat dans l'horizontale, les doigts rapprochés.

Les jambes qui étaient écartées, sont rame-

Fig. 2. — Brasse française, 1er temps.

nées prestement l'une vers l'autre, les pieds étendus.

En principe, la natation des mains se produit dans le même laps de temps que le rapprochement des jambes.

4ᵉ temps : progression du corps, les bras s'ouvrent, semblent produire sur l'eau une sorte de traction. Les jambes se disjoignent et sont ramenées dans la position du départ, de même que les bras.

Voici donc la nage ordinaire simplement décomposée. Mais pour obtenir une parfaite régularité des gestes, il est nécessaire de n'avoir en tête aucun autre souci. C'est pourquoi nous conseillons, comme cela se pratique un peu partout maintenant, de s'exercer au préalable à sec.

Un tabouret suffit, pourvu qu'il soit suffisamment étroit. On s'y place sur le ventre, le buste et les jambes bien dégagés.

Avant de s'installer on résume exactement en son esprit les quatre temps, afin de ne pas hésiter ensuite.

Allongé, on se met dans la position de départ, puis on s'étend lentement, méthodiquement. Dans cet exercice, il ne faut pas craindre la lenteur qui est le premier facteur de la réussite.

On répétera à de nombreuses reprises cette tentative, il faut arriver à ce que les divers mouvements s'exécutent pour ainsi dire mécaniquement, sans y penser.

Une fois ce mécanisme obtenu, on ira à l'eau mais pas avant.

La première mise à l'eau devra être prudente, on évitera toute cause de trac qui handicaperait l'étudiant pour l'avenir.

Dans ce but, on ne craindra d'employer soit une barre de bois, soit une ceinture de liège, si l'on n'est en compagnie d'un maître nageur.

Il faut, lorsqu'on se laisse aller, avoir l'absolue certitude que l'on n'enfoncera pas.

Alors on se livre en pleine tranquillité aux mouvements et l'on est étonné de la facilité de la natation.

Encore, là, inutile de se presser, ce ne sera pas quelques secondes perdues qui vous feront couler. Gardez au contraire votre sang-froid, que vos mouvements soient très réguliers, rythmés. C'est ce rythme justement qui vous procure le point d'appui continu.

La respiration évidemment joue un rôle important.

Lorsque les bras se séparent, exécutant sur l'eau, leur traction, la tête forcément est ramenée en arrière, sortant légèrement au-dessus de la surface. C'est à ce moment que doit avoir lieu l'inspiration profonde.

Le corps étant ensuite projeté en avant, la tête redescend. Alors se fait l'expiration lente, par les narines, sous l'eau.

En résumé : 4e temps : profonde inspiration.

1er temps, 2e, 3e : expiration lente.

Il est évident que le quatrième temps est le plus long, puisque c'est lui qui exécute tout l'effort; il n'est donc pas extraordinaire que l'inspiration à ce moment, suffise pour l'expiration qui a lieu durant les trois suivants.

L'habitude de coordonner la respiration avec les mouvements des bras et des jambes, est absolument nécessaire dans la natation. C'est pourquoi nous recommandons de s'y exercer également, tandis qu'on travaille à sec.

En d'autres termes · il faut savoir nager

avant de se mettre à l'eau. Ceci paraît à première vue paradoxal; malheureusement ce détail est trop souvent négligé dans la pratique. L'on voit alors des jeunes gens avoir besoin de cinq, voire dix leçons avant de se tenir à l'eau, tandis que deux sont amplement suffisantes.

Or plus durera l'apprentissage, pire seront les résultats par la suite. Quand on n'apprend pas à nager dès sa première mise à l'eau, on ne sait jamais. Il subsiste alors toujours dans l'esprit, une crainte, une inquiétude qui paralyse les gestes et l'on ne parvient à acquérir la désinvolture voulue.

Enfin on doit se livrer à la brasse, longtemps, très longtemps. Ce ne sera que lorsqu'on se sentira maître de soi, absolument libre dans l'eau que l'on s'autorisera l'étude des méthodes dites de course.

III

Le deuxième exercice de natation que les débutants aiment à apprendre est sans contredit, la planche.

On appelle communément faire la planche l'action de flotter sur le dos.

Pour l'athlète déjà habitué à l'eau, c'est-à-dire ayant abandonné toute inquiétude, cet exercice est excessivement aisé. Sa technique ést la suivante.

Dans l'eau, on s'allongera sur le dos, les jambes raides, les pieds étendus et rapprochés. Le cou est tendu, la tête rejetée en arrière. Les bras sont posés le long du corps, la main ouverte, à plat sur la surface.

Pour obtenir la flottaison dans cette position, il suffit de faire des inspirations profondes et des expirations lentes par les narines.

On ajoute cependant un léger mouvement des mains qui consiste en une rotation rapide de la paume autour du poignet, le coude restant appliqué au buste. Les jambes doivent rester allongées, les pieds bien droits, la pointe toujours à la surface.

Un individu ne sachant pas nager, mais n'ayant pas peur, pourrait parfaitement flotter ainsi, en se conformant à ces faciles prescriptions. Par conséquent, on peut affirmer que pour l'athlète déjà habitué aux mouvements de la brasse, la crainte seule est cause de non réussite.

Quand on sait faire la planche avec aisance, il est excellent de pouvoir se mouvoir dans cette position. Pour arriver à ce résultat, il existe deux procédés simples.

Tout d'abord, admettons que vous fassiez la planche depuis quelques minutes, ramenez les mains à la hauteur des hanches, contre lesquelles vous les appuyez.

Exécutez alors avec les jambes seulement le

mouvement de la brasse ordinaire. De cette façon, vous progressez relativementsans fatigue. Pour apprendre cet exercice, il est un moyen pratique qui consiste à se tenir par les mains soit au bord du bassin, soit au bord de la rivière, tandis qu'on fait travailler les pieds. On remplace maintenant

Fig. 3. — Brasse française, décomposition du mouvement.

ce mouvement de la brasse par une sorte de crawl beaucoup moins fatigant. On opère des frappements à la surface avec la plante des pieds. Cela ressemblerait un peu à un pédalage dans l'eau. Pour accroître la locomotion on ajoute la traction alternative des bras.

Un bras, demeurant contre la cuisse, l'autre est ramené en arrière au-dessus de la tête. Le demi-cercle terminé, c'est-à-dire la main ayant atteint l'eau, le bras est retiré vivement comme dans la brasse ordinaire.

Cet exercice peut devenir une fantaisie distrayante, mais au point de vue purement sportif, nous lui préférons le deuxième procédé suivant :

Le mouvement des jambes analogue à la brasse ordinaire est complété par la traction des bras.

Ceux-ci d'abord allongés le long des cuisses, sont levés immédiatement et s'en vont derrière la tête. Ils doivent atteindre l'eau en même temps, le dos des mains joint.

Sous l'eau, les bras sont alors ramenés en avant, pour reprendre leur position première.

Après un certain temps, on supprime le mouvement des jambes, le remplaçant par un simple battement alternatif. Les genoux demeurent immobiles, les mollets et les pieds seuls travaillent. Par contre les bras continuent l'action propulsive indiquée plus haut.

Voici les quelques éléments de la nage sur le dos ordinaire. Disons que l'habitude de ces divers mouvements se prendra naturellement dès que l'on aura acquis une certaine liberté dans l'eau et que l'on saura parfaitement faire la planche.

Contrairement à ce que pratiquent beaucoup de maîtres nageurs, nous préférons attendre que l'étudiant soit bien maître de lui, qu'il nage déjà avec facilité, avant d'essayer la planche et ses corollaires. Dans la natation, comme en toute chose, la division du travail est le meilleur moyen d'aller vite.

Vouloir tout entreprendre en même temps, c'est risquer de ne rien savoir.

Tandis que si l'on possède complètement la brasse, qu'on l'opère presque sans y penser, le reste deviendra d'une facilité extrême.

Au-dessous de quinze ans, en tout cas, cette dernière sera l'unique exercice toléré aux enfants. A plus forte raison, on ne leur apprendra aucune des nages de course moderne.

IV

Lorsqu'il se sera bien familiarisé avec les procédés précédents, il sera permis à l'athlète d'essayer les véritables nages de courses, qui donnent, suivant leur genre, rapidité ou durée. Nous étudierons tout d'abord le *crawl* qui ne peut s'exécuter que sur de faibles distances.

Dans ce mode de natation, la respiration joue le premier rôle, celui-ci ressemblerait fort à l'effort réclamé dans la course de 100 mètres.

Voici la technique qui par elle-même vous expliquera ce que nous venons de dire.

Tout d'abord le nageur se tient absolument allongé sur le ventre.

Les jambes sont jointes jusqu'aux genoux, les mollets et les pieds seuls travailleront.

Les reins se trouveront juste au-dessous de la surface, les fesses émergeront légèrement.

La tête repose à demi dans l'eau, le visage entièrement immergé.

Dans cette position, le mouvement s'exécute de le façon suivante :

Un bras sort de l'eau et s'en va frapper la surface à quelques centimètres en avant de la tête. Continuant son mouvement étant immergé, il décrit sous le corps, un ample demi-cercle, pour revenir, étendu le long de la cuisse.

Au milieu de ce temps, lorsque le bras en immersion forme environ un angle de quarante-cinq degrés avec le buste, il se produit un léger déplacement du corps qui décolle l'autre bras. Celui-ci alors se met en marche et parvient au-dessus de l'eau, quand le premier se rapproche de la hanche.

Le travail des pieds par lui-même est très simple : le genou plie, la cuisse demeurant immobile. Les pieds frappent l'eau alternativement.

Si l'on décompose cet exercice comme nous

venons de le faire, on se rend compte que le crawl est extrêmement simple. Toutefois la bonne pratique en est plus malaisée. La pre-. mières des difficultés est de savoir retenir sa respiration suffisamment longtemps, pour éviter de lever la tête trop souvent. Ensuite, il n'est pas toujours commode de coordonner le mouvement des bras et celui des jambes.

Pour bien apprendre le crawl, nous conseillons le procédé suivant:

Dans le bassin ou la rivière, placez une barre de bois, carrée de préférence et suffisamment grosse pour flotter malgré le poids qui la chargera. Cette barre naturellement doit être mobile et suivre le nageur.

Celui-ci se posera à plat ventre dans l'eau, il appuiera le cou-de-pied sur la barre, les chevilles se touchant.

Puis il tirera uniquement sur les bras en s'entraînant à gourverner son souffle, la figure sous l'eau.

La barre lui assurera la bonne position, le maintenant toujours à plat ventre. Aidant en en outre à la flottabilité, elle lui permettra de faire travailler les bras en toute liberté.

Quand ceux-ci enfin se meuvent avec régularité, on lève les deux pieds ensemble de façon à permettre au bois de s'échapper. On continue à tirer sur les bras et l'on opère un premier battement avec une jambe.

Le mieux est de ne pas s'inquiéter de celle-ci et de s'occuper uniquement des bras, l'automatisme naturel amènera, forcément, les pieds à jouer leur rôle dans la normale.

La respiration s'opère d'une façon particulière. L'inspiration elle-même se fait en sortant rapidement la tête de l'eau et en la tournant légèrement. Elle a lieu, la bouche largement ouverte et doit être profonde.

L'expiration se produit lentement, sous l'eau par les narines.

Le but à atteindre est un minimum de une aspiration par vingt mètres environ.

En résumé : position parallèle à la surface de l'eau : appels alternatifs des bras en avant, parallèlement à la ligne de corps ; battements légers et rythmés des pieds.

Le crawl bien nagé doit être presque insensible, on n'éclabousse pas l'eau autour de soi, on l'attire avec les bras, on la chasse avec les pieds, mais sans brusquerie, d'un geste rythmique et cadencé.

Quiconque pratique le
crawl en faisant un bruit
effroyable, a besoin encore de nombreuses leçons pour améliorer son
style.

Le crawl cependant,
lorsque l'on souhaite obtenir de la vitesse, réclame
un gros effort musculaire et respiratoire. C'est
pourquoi nous avons
conseillé de n'entamer
les nages de courses
qu'une fois en possession de tous ses moyens
athlétiques, c'est-à-dire,
soit à la fin, soit au
cours de l'entraînement
du tome III.

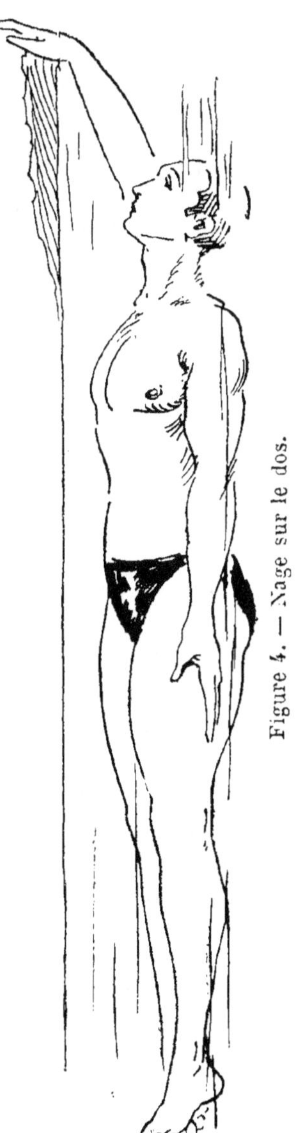

Figure 4. — Nage sur le dos.

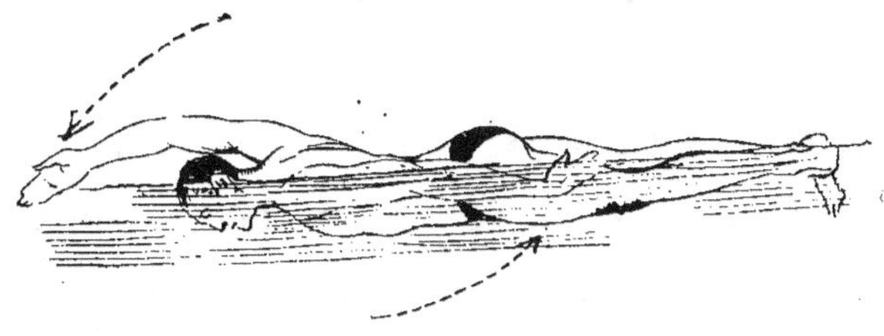

V

Une autre nage se pratiquant à plat ventre est le *trudgen*. On y ajoute toutefois un mouvement de jambes en coup de ciseaux qui est particulièrement effectif.

Comme pour le crawl, la moitié de la tête repose dans l'eau, mais une aspiration est possible à chaque brasse en avant, à cause de l'oscillation du corps.

Ce serait, à notre avis, une nage de demi fond, entre le crawl et l'over-arm-stroke.

Examinons en détail la technique de cette nage.

L'athlète se trouve donc à plat ventre, sur l'eau, le visage sous la surface.

L'action des bras est alternative comme dans le crawl, le bras sort de l'eau, se projette en avant, décrivant ensuite un arc de cercle, pour revenir se placer à la cuisse.

La main qui tire, entraîne en même temps une inclinaison de corps, qui permet de dégager le visage du côté opposé et de prendre une aspiration. Puis se produit l'inclinaison inverse, la figure émerge de l'autre côté et l'expiration a lieu.

Ce mode de respiration est très important si l'on veut obtenir des bons résultats.

En résumé : action des bras :

Les bras sont projetés en avant alternativement. La main aux doigts joints est étendue, elle s'infléchit légèrement, pique l'eau du bout des doigts et en s'enfonçant tire à elle, ramenant le bras au long du corps.

Cette traction, infléchit le buste d'un côté, décollant, en même temps, l'autre bras qui commence alors son ascension.

Pendant ce mouvement, le buste demeurant dans l'horizontale, le reste du corps exécute une légère rotation sur le bassin, amenant les jambes de profil.

Elles sont allongées et réunies, le bras d'attaque sort de l'eau et s'étend, à ce moment les jambes s'ouvrent.

Le bras d'attaque revient à la position de repos, l'autre entre en mouvement, les jambes continuent leur extension puis se referment, lorsque ce dernier bras donne son coup de rame en tirant à lui.

Le mouvement des jambes en coup de ciseaux s'exécute de la façon suivante :

Tout d'abord elles sont croisées, l'une complètement étendue, l'autre repliée.

A l'attaque, elles s'écartent vivement, celle qui est repliée s'étend.

Quand elles se referment pour revenir en position de départ, le pied s'allonge comme pour repousser l'eau derrière lui.

Il est assez malaisé de schématiser un mouvement ainsi composé, toutefois, pour tâcher d'être clair, disons :

La main sort de l'eau, l'épaule opposée s'enfonce, les jambes commencent à s'écarter, étendant le pied corespondant.

Le buste bascule, l'autre bras se détache, les jambes continuent à s'ouvrir.

Le second bras s'enfonce donne son coup de rame en profondeur, les jambes se rapprochent énergiquement et sans brusquerie.

1er temps, inspiration, le visage ayant émergé;

2e temps, le visage passe sous l'eau;

3e temps, le visage émerge du côté opposé, expiration.

Par ce qui précède, on conçoit que le trudgen réclame un gros effort général, autant musculaire que respiratoire ou de souplesse.

Pratiqué avec modération, il sera donc un excellent exercice, l'abus au contraire entraînera une fatigue considérable.

Cependant si déjà l'on possède bien la brasse ordinaire, c'est-à-dire que toute inquiétude s'est évanouie, la décomposition des mouvements qui semble ici diffuse, se fera naturellement. En réalité, cette nage est très simple, elle demande seulement de savoir coordonner le geste des bras, avec celui des jambes.

Pour l'apprendre, il faudra nager, lentement, en cherchant un rythme régulier et en évitant l'essoufflement.

Le trudgen est peut-être un peu moins rapide que le crawl, mais se présente sous une forme plus naturelle. La respiration s'y fait avec un moindre effort, mais sa répétition rapide influe évidemment sur la vitesse.

Nous préférons, dans l'étude des nages de courses, commencer par le crawl, qui donne immédiatement la cadence des bras, celle qui paraît la plus difficile à acquérir.

Lorsque les bras marchent tout seuls, s'il est permis de s'exprimer ainsi le mouvement des jambes s'apprend inconsciemment par l'automatisme inhérent à toute action du corps.

Le trudgen ne deviendra jamais pour l'athlète la nage de grand fond, mais comme distraction il sera assurément la nage de choix, de préférence à l'over-arm que nous allons étudier maintenant.

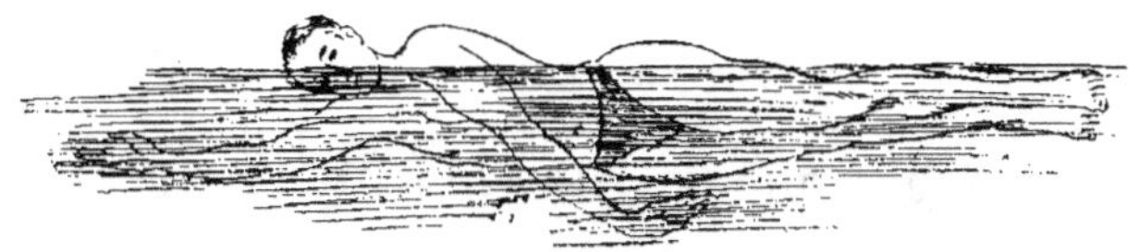

VI

Tout athlète s'adonnant à la natation doit connaître l'over-arm-stroke, c'est certainement la nage la plus pratique en mer ou sur une longue distance en rivière. Dans une piscine, elle ne signifie absolument rien.

C'est aussi la nage des grands champions de fond, de ceux qui en ces dernières années ont couvert les plus belles distances. Sans nul doute la traversée de la Manche aurait été impossible de toute autre façon.

L'over-arm se nage de côté et généralement du côté droit. Pour simplifier l'explication, admettons ce côté.

La position est la suivante :

Le bras gauche au-dessus de l'eau; le droit, au-dessous, la jambe gauche allongée sur la droite.

Le bras gauche attaque; il sort de l'eau vers le milieu du corps, remonte à l'air libre, pour frapper la surface à quelques centimètres au-dessus de la tête. Il tire à lui et revient vers le milieu du corps.

Le bras droit, tandis que le gauche est ramené vers le ventre, s'allonge, s'étend au-dessus de la tête. Lorsque l'autre va ressortir de l'eau, celui-ci tire à lui, violemment.

Comme on le comprend aisément, la main gauche, les doigts joints, touche la surface par l'extrémité, le poignet élevé.

La droite au contraire, monte la paume en l'air, celle-ci au moment de l'attaque se retourne et revient s'appliquer à la cuisse.

Pour les jambes, l'inférieure est pliée au genou, la supérieure reste droite. Les cuisses s'ouvrent, l'inférieure se détend, puis toutes les deux se rapprochent vivement.

Les pieds sont allongés, au coup de ciseaux ils se redressent la pointe en haut.

En résumé, les mouvements décomposés sont les suivants :

Bras supérieur frappe l'eau, le bras inférieur. est le long de la cuisse, les jambes se ferment.

Le bras inférieur remonte, le supérieur revient vers le milieu du corps, les jambes sont fermées.

Le bras inférieur est complètement étendu, il commence à redescendre pour tirer à lui; le supérieur remonte à la surface, les jambes s'écartent.

Le bras inférieur est revenu à sa position première; le supérieur frappe l'eau, les jambes entièrement écartées commencent à se refermer.

L'inspiration a lieu au premier temps, l'expiration au troisième.

L'over-arm étant utilisé surtout dans les grands parcours, il est de toute nécessité de ménager son souffle. Les inspirations sont donc profondes, la bouche ouverte, elles se produiront au moment où le bras supérieur attaque, ce qui entraîne un léger déplacement du corps.

Il faut également savoir modérer son expiration, éviter qu'elle soit trop rapide.

Pour apprendre cette nage, il est nécessaire tout d'abord de bien se pénétrer de sa technique. Ensuite on regardera longuement nager, afin de se préciser les détails que l'on n'aura pu percevoir à la lecture.

Dans le but de s'habituer au mouvement alternatif des bras, ce qui change en effet complètement de la brasse ordinaire, on pourra faire usage d'une pièce de bois, comme celle indiquée pour le crawl.

Lorsque les bras sauront bien manœuvrer alternativement, les mouvements des jambes viendront d'eux-mêmes au rythme nécessaire.

Cette nage est, à notre avis, la plus difficile pour être bien exécutée ; elle réclame de l'athlète un parfait équilibre musculaire et une certaine résistance. Mais aussi elle est la plus fructueuse en résultats. Comme nous l'avons dit précédemment, elle reste la seule pratique en mer où elle s'aide des ondulements de la vague.

En eau douce avec elle, on ne craint ni herbes, ni tourbillon, sa force de propulsion est telle qu'elle permet au nageur de franchir l'obstacle sans difficulté réelle.

Au point de vue sportif, comme au point de vue hygiénique, elle est plus à recommander que le trudgen ou le crawl, quoique moins brillante.

Pour le jeune athlète, elle demeure un excellent exercice, qui oblige au travail équilibré, tous les muscles également.

Avec la brasse ordinaire, l'over-arm se partagera la faveur des sportifs qui souhaitent uniquement un entraînement athlétique et non point de gagner en quelques championnats de natation.

A ceux-là, on laissera le crawl et le trudgen, suivant le concours auquel ils se destineront.

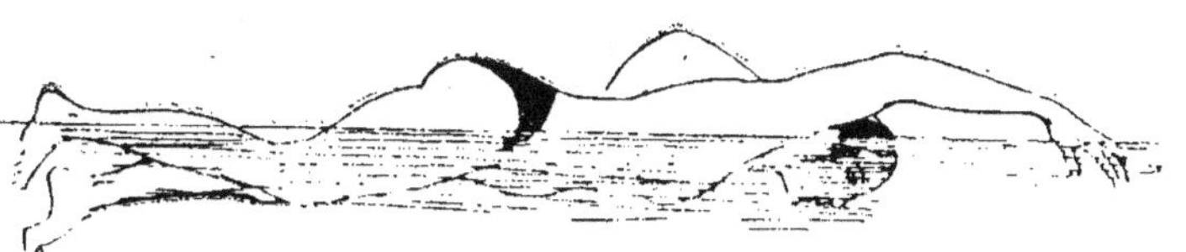

Figure 5. — Le Crawl, décomposition du mouvement.

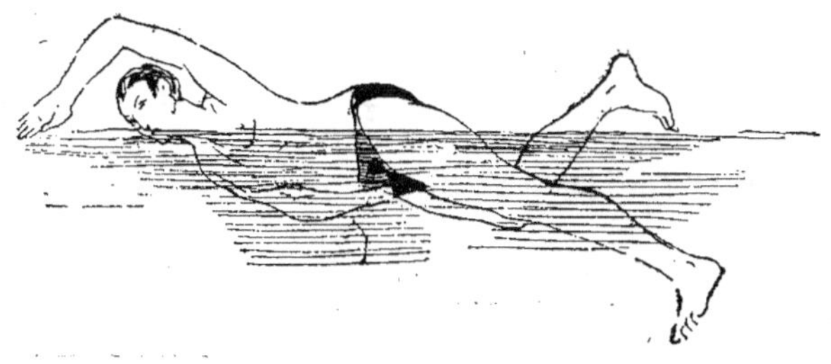

VII

Le plongeon est assurément considéré comme un des exercices les plus amusants de la natation. Cependant il peut devenir également le plus dangereux, s'il est exécuté sans méthode.

Avant d'essayer le plongeon proprement dit et afin de gagner une suffisante confiance en soi, il est prudent de se livrer au saut.

Pour cela, il suffit de s'y prendre comme dans le saut sur terre, avec la différence qu'il est inutile de se recevoir en souplesse. Par conséquent, on se lancera et l'on tombera à l'eau, les pieds joints, les mains collées aux cuisses, le corps rigide.

On va naturellement au fond, mais on remonte ensuite, sans qu'il soit nécessaire de faire aucun effort.

Une fois dans l'eau, écartez les bras et vous arrêtez la chute à mi-chemin. Un coup de rein et vous êtes de nouveau à la surface.

Cet exercice fort simple est un excellent entraînement pour s'habituer à l'élément liquide; après quelques essais on sent naître en soi une parfaite confiance qui est déjà la moitié du succès.

Ce premier stade franchi, on tente de piquer une tête, mais encore avec prudence. Dans ce but on se place au bord de l'eau, dans la position accroupie, les bras rapprochés et glissés entre les jambes, les mains jointes.

On écarte progressivement les jambes, en même temps que l'on penche le buste, la tête en avant.

On arrive ainsi à perdre l'équilibre, les mains s'enfoncent dans l'eau, la tête suit, puis le corps entier; on a plongé.

Une fois dans l'eau, on relève la tête et on tend les bras en avant. On décrit ainsi un arc de cercle et l'on remonte à la surface.

Après quelques essais semblables, on augmentera la hauteur du plongeon, puis on s'apprendra à ne plus se plier sur les jambes, afin de parvenir à plonger debout.

On arrive à ce résultat graduellement et il est toujours préférable de ne point se hâter, c'est-à-dire d'essayer de plonger debout dès la troisième ou quatrième tentative. On gagnera à la patience, une plus grande sûreté de mouvement, une plus complète maîtrise de soi.

La question la plus importante est de trouver la bonne inclinaison, afin de ne pas tomber à l'eau, soit les pieds verticalement en l'air, soit à plat ventre ce qui est douloureux.

Il est préférable pour le débutant de s'en

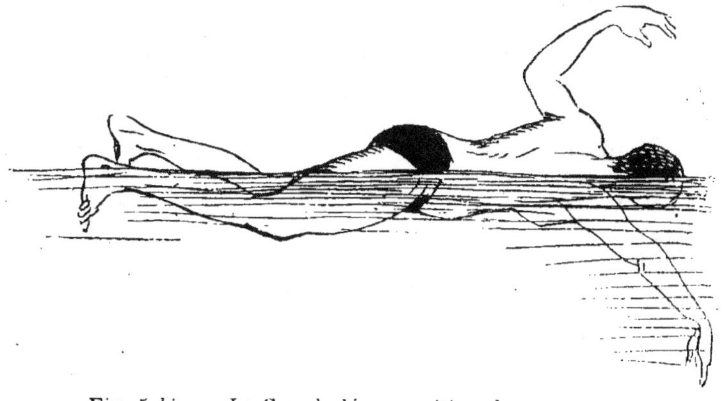

Fig. 5 *bis*. — Le Crawl, décomposition du mouvement.

tenir aux plongeons classiques qui sont une suffisante gymnastique.

Le *plongeon en flèche* s'exécute comme suit :

On se place sur le bord du tremplin, la tête bien droite, les talons joints, les bras pendants.

On exécute une légère inclinaison en avant, se haussant sur la pointe des pieds.

On lève les bras, en aspirant fortement et on donne un coup de jarret.

Quand on arrive au terme de la chute, c'est-à-dire un peu avant de toucher l'eau, on rejette la tête entre les bras.

Le *plongeon* à la *Suédoise*, est le suivant :

On se place au bord du tremplin, la tête bien droite, les reins cambrés, les talons joints, les bras pendants et les mains appliquées le long des cuisses.

On se hausse sur la pointe des pieds en faisant une profonde aspiration.

On donne un coup de jarret pour se lancer, en conservant les mains contre les cuisses.

Après l'entrée dans l'eau, on allonge les bras, les amenant progressivement dans la position de la brasse et, de cette façon, on remonte naturellement à la surface.

Cette sorte de plongeon demande un grand sang-froid; il ne sera donc jamais essayé par un débutant, on attendra, au contraire, d'avoir une bonne habitude de tous les exercices aquatiques.

Ceci n'implique point qu'il soit particulièrement difficile; en réalité, sa difficulté est la même que celle du précédent, il réclame seulement un meilleur rythme des mouvements pour l'exécuter d'une façon correcte et élégante.

Rien n'est plus gracieux qu'un plongeon mené avec un rythme précis; mais aussi rien n'est plus ridicule que le plongeur qui se lance à l'eau avec brutalité.

Le *saut de Carpe*, se fait toujours en partant du tremplin et à bonne hauteur, sinon il est disgracieux et peut même devenir dangereux.

Voici comment on décompose ce plongeon :

1er temps : les pieds sont joints au bord du tremplin, les bras pendants, les mains étendues.

Avec une légère flexion, on exécute le mouvement du saut, comme indiqué au tome III. On s'élève donc ainsi en hauteur, quittant le tremplin.

2e temps : en l'air, les bras sont rejetés en

avant, le buste suit, jusqu'à ce que le bout des doigts soient en face des pieds.

3ᵉ temps : la vitesse de chute permet un robuste coup de rein, le corps s'étend de nouveau, les jambes montant dans la verticale tandis que les bras ne bougent pas. On ramène la tête en avant, au moment de la chute.

C'est là un très joli exercice, réclamant autant de souplesse que de vigueur.

Comme on le comprend, il nécessite une certaine hauteur de tremplin, en même temps qu'une bonne profondeur d'eau.

Le *saut de l'ange*, est une décomposition du précédent. Le corps ne se replie pas en avant, mais, au contraire, s'étend dans l'horizontale, les bras ouverts, les chevilles collées.

On le décompose de la façon suivante :

1ᵉʳ temps : en partant du tremplin, saut en hauteur, extension du corps en ouvrant les bras.

Le corps lentement descend dans l'horizontale, la tête emportant le reste.

2ᵉ temps : lorsque les pieds sont plus haut que la tête, on donne un coup de reins, les bras s'étendent en avant, on pique presque verticalement.

Le saut de l'ange est également un plongeon fort gracieux, s'il est exécuté avec rythme. Pour cela on évitera les gestes brusques, sautant en souplesse, laissant ensuite la pesanteur amener l'inclinaison voulue. Le coup de reins doit être imperceptible, le redressement étant déjà à demi consommé.

La hauteur du tremplin sera au minimum de trois mètres, la pronfondenr de l'eau suffisante.

Dans les concours, cette pro-

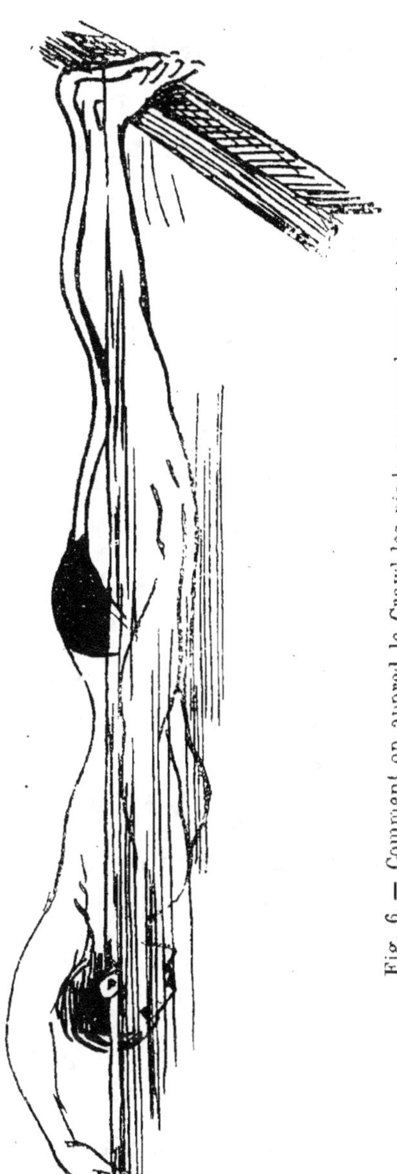

Fig. 6. — Comment on appred le Crawl les pieds sur une barre de bois.

fondeur est ordinairement de cinq mètres; la hauteur des tremplins varie entre 1 et 3 mètres; sur 4 de longueur.

Ces concours se composent généralement de six plongeons fixés à l'avance, deux plongeons que l'on tire au sort et quatre au gré du nageur.

Les juges considèrent :

1° Le style.

2° Le départ.

3° Le style du saut lui-même.

4° L'entrée dans l'eau.

L'entrée dans l'eau manifestée par beaucoup de bruit et d'éclaboussements est mauvaise.

Le départ doit être exécuté en souplesse avec imperceptible flexion qui donne du jeu aux extenseurs.

Le saut également aura lieu en souplesse, ce qui sera obtenu en évitant la raideur des jambes et des reins.

Les concours de hauts plongeons se composent :

1° A 5 mètres : un plongeon sans élan et un plongeon avec élan.

2° A 10 mètres : un plongeon sans élan et un plongeon avec élan.

A part les quatre plongeons que nous venons d'indiquer, il en existe beaucoup d'autres qui d'ailleurs peuvent varier à l'infini suivant le goût du nageur.

Nous citerons à titre documentaire :

Le coup de pied à la lune.

Le plongeon arrière.

Le saut de carpe arrière.

Le tire-bouchon.

Le saut périlleux avant.

Le double saut périlleux.

Le saut de la mort..., etc.

Ces divers exercices sont de pures fantaisies, généralement faciles au nageur aguerri. Il faut, au début, bien s'assimiler le plongeon ordinaire et la suédoise qui sont la vraie base de tous les autres.

Négliger le rythme, c'est courir à un échec, il est nécessaire que tous les gestes s'harmonisent, chacun d'eux entraînant presque naturellement le suivant.

La raideur est, la plupart du temps, une cause de style disgracieux, on la fuira avec ténacité, quitte à moins bien réussir les plongeons dans le commencement.

Au départ on fait une aspiration qu'on laisse s'écouler durant la chute, pour reprendre une nouvelle aspiration un peu avant de toucher l'eau. Ce point est important dans les sauts élevés.

Quoiqu'il en soit, le plongeon n'est pas toléré par tous les nageurs et beaucoup feront bien de s'en abstenir. Nous parlerons plus loin de ses contre-indications.

VIII

Il est excellent de savoir plonger, mais il est imprudent d'en user trop fréquemment. La plongée, en effet, entraîne toujours un effort pulmonaire considérable, qui serait mortel, trop souvent répété.

En général, il faut éviter de plonger inutilement; cet exercice étant absent de la plupart des concours, il n'existe aucune nécessité de s'y entraîner.

La technique de la plongée est fort simple. Les poumons remplis d'air, les mouvements des bras et des jambes étant les seuls facteurs de la flottabilité, si on les supprime, le corps roule naturellement.

En résumé, lorsque vous êtes en train de nager faite une bonne expiration, collez les jambes, ramenez les mains contre les cuisses. Aussitôt vous cessez de flotter.

Remettez les quatres membres en mouvement, rejetez la tête en arrière et vous remontez.

Voici, en quelques mots, tout le mécanisme de cet exercice.

Ne tenons pas compte des performances particulières de certains spécialistes qui parviennent presque à vivre complètement sous l'eau.

Considérons seulement la réalité et constatons que la durée normale de la rétention du souffle ne peut guère dépasser 30 secondes. Or c'est ce qui se produit pendant la plongée, l'expiration étant terminée, le jeu pulmonaire est arrêté.

Admettons qu'avec un certain entraînement, on puisse pousser la rétention du souffle jusqu'à la minute, ce sera l'extrême que l'on pourra se permettre sans utilité absolue.

La plongée au water-polo est souvent nécessaire, mais demeurant ici toujours de courte durée, elle ne présentera pas les mêmes inconvénients.

Les nouvelles expériences récentes de Monsieur Delalyman, ouvrent assurément des horizons nouveaux. Peut-être est-il possible, comme le prétend le distingué Président de l'U. S. de Mezin, de vivre dans l'eau. Malheureusement aucune démonstration scientifique, basée sur des données physiologiques ne vient encore confirmer ces affirmations :

Voici ce que dit Monsieur Delalyman :

« Je descends soit l'escalier, soit l'échelle comme chacun de nous le fait à l'air libre, arrivé au fond du bassin, je fais une toilette complète, je me rase, je me coupe les ongles, je trace une raie impeccable puis c'est le tour du petit déjeuner, le couteau à la main, je pèle une pomme, ensuite je découpe un morceau de fromage que je mange, puis je bois un petit flacon de vin, café, thé. Après le repas, je fais une petite sieste complètement étendu au fond.

« Après cela, c'est la culture physique où défilent successivement des exercices de jonglerie, de préférence avec des boules de billard, à cause de leurs poids ; je m'entretiens éga-

lement à la boxe et à la lutte, je grimpe à la
corde, je fais des anneaux. Enfin je tire à la cible
avec un pistolet à ressort bien entendu; puis je
m'asseois au bureau, je fais ma correspondance
et la lecture des journaux. Et tout cela sans fatigue; c'est ainsi qu'au Claridge-Hôtel, Monsieur
Bazin put enregistrer que sur 1h.40 de démons-
trations et d'expériences diverses, mon temps
total d'immersion approcha de 60 minutes,
sans que je fusse nullement incommodé; mes
pulsations à la sortie de l'eau ne dépassaient
pas 80 à la minute. Mais, malgré les preuves
évidentes qu'il n'y a pas de supercherie dans ma
façon d'opérer bien des gens restent sceptiques.
Certains voient partout un truc ou une combi-
naison.

« C'est ce qui m'a amené à imaginer un genre
de démonstration où je n'exécute pas les exercices que je veux, mais bien ceux que veulent
que j'exécute les témoins de mes expériences.
D'où le numéro que je ne saurais mieux qua-
lifier que du nom de Ludion humain.

« Les coudes au corps, absolument immobile, la tête seule émergeant de l'eau, ce n'est
qu'au commandement que je coule, pour rester

au fond, si on me commande *halte* ou remonter aussitôt suivant le cas.... »

Tout ceci est assurément fort troublant et nul ne peut mettre en doute la loyauté des expériences de Monsieur Delalyman. Il nous manque seulement une explication physiologique, qui pourrait nous permettre de situer ces phénomènes.

Dans l'état actuel de la science, il est plus prudent de se refuser à admettre la possibilité d'une plongée trop longue.

L'excès de cet exercice entraîne toujours de l'emphysème pulmonaire, si ce n'est pire. Nous conseillons donc aux nageurs de ne pas abuser d'un effort qui met le poumon en péril et cela pour une vaine gloriole.

Dépasser la minute d'immersion est parfaitement dangereux, sans un entraînement très spécial et exactement gradué.

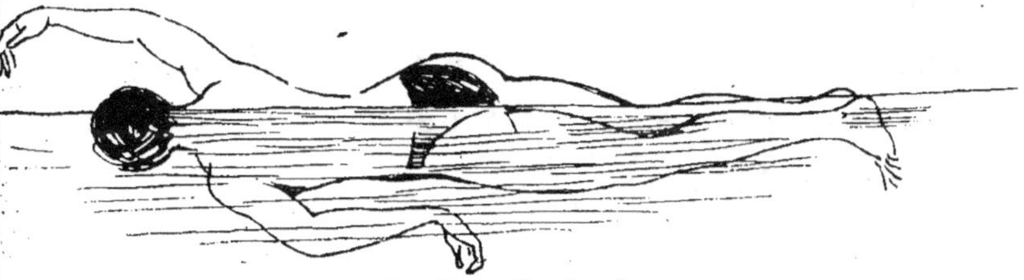

Fig. 7. — Trudgen.

Assurément des fakirs de l'Inde parviennent
à une rétention du souffle de plus d'une heure,
avec une aspiration de 12 secondes et suivie
d'une expiration de 24 secondes Mais ces indi-
vidus se trouvent dans des conditions spéciales;
ils ont, en outre, généralement suivi un entraînement qui a duré plusieurs années, ensuite ils se
soumettent à un régime ascétique peu dans les
habitudes de nos athlètes.

Enock, le nageur américain, est demeuré en
plongée 4'46" ce qui est une magnifique perfor-
mance, mais soyons assuré qu'il est en même
temps doué d'une capacité pulmonaire particulière.

Poulliquen a atteint les 6'29" mais la fatale
syncope l'a terrassé.

Certes rien n'est impossible à l'homme, toute
la question est de savoir quel intérêt on retire
d'une exagération contre-nature.

Les pêcheurs de perles, d'éponges, en Afri-
que, restent sous l'eau près de dix minutes.
Malheureusement après quelques années, toute
leur vitalité est brisée.

IX

La plongée est réellement utile dans un cas unique : le sauvetage d'une personne qui se noie. Comme cet accident peut arriver souvent, donnons au nageur quelques indications succinctes à ce propos.

La première des conditions, pour être un bon sauveteur, est le sang-froid.

Se jeter à l'eau immédiatement après que l'on voit un individu y tomber, est le fait d'un étourdi.

Si l'accident se présente en fleuve, prenez le temps de sauter dans une barque, vous gagnerez au contraire quelques minutes précieuses.

Dès que vous remarquez la chute, débarrassez-vous de vos vêtements les plus lourds. Ce sera là du temps gagné, et une chance de succès de plus.

Que vous sautiez près du noyé ou que vous nagiez vers lui, attaquez-le toujours en amont si c'est possible.

En tout cas, passez derrière lui et essayez de glisser votre main gauche sous son menton. Si vous parvenez à cette prise, tout est sauvé, il vous suffit alors de tirer à vous, amenant la tête sur votre poitrine.

Nagez ensuite, sur le dos, des jambes et du bras droit.

Ce que nous indiquons là est assurément le procédé le plus pratique, mais il reste souvent difficile à exécuter.

S'il est impossible de saisir le noyé de cette façon pour une raison quelconque, on recherchera la plus aisée, sans se hâter. Quelques secondes de plus n'ont qu'une relative importance. Soyez calme, pondéré, et ensuite agissez sans hésitation.

Si l'on est étreint, au point de se voir paralysé, on se laissera couler un instant, afin d'amener l'asphyxie du noyé; on pourra ensuite, le conduire comme on le souhaitera.

En aucun cas, n'essayez de sauver quelqu'un si vous n'êtes bon nageur et bon plongeur. Le résultat d'une pareille audace serait une double noyade. Cherchez plutôt un autre moyen de lui porter secours, quitte à vous jeter à l'eau néanmoins.

Les premiers soins à donner au noyé ramené à terre, sont les suivants :

Déshabillez-le entièrement, allongez-le à terre, les reins plus haut que la tête. Tentez de lui ouvrir la bouche et de le faire vomir.

Si le médecin tarde à venir, prenez les mains et élevez-les rythmiquement pendant un instant, puis massez l'estomac.

Reprenez ensuite le mouvement des bras.

Ne l'abandonnez jamais au

Fig. 7 *bis*. — Trudgen.

froid, couvrez-le au contraire de couvertures chaudes.

En vérité, le médecin, par sa grande habitude est seul capable de mener la tâche jusqu'au bout; c'est pourquoi il faudra le faire appeler au plus vite. Les soins que nous décrivons ci-dessus, ne sont que des préliminaires, destinés à éviter une perte de temps. Allongé, le noyé doit reposer légèrement sur le côté droit.

Pour nous résumer, disons : si vous êtes bon nageur, bon plongeur, n'hésitez pas à vous jeter à l'eau. Cependant conservez toujours votre sang-froid, en vous disant qu'il n'existe pour vous d'autre danger que d'accomplir une action méritoire.

On apprend, comme toute chose, la pratique du sauvetage. L'unique moyen est de s'habituer à ramasser au fond de l'eau des objets quelconques. Il est excellent, entre des camarades bons nageurs, de s'exercer à cette pratique : l'un fait le noyé, l'autre joue le rôle du sauveteur. On y gagne le sang-froid, le calme et un coup d'œil prompt.

X

Les principales contre-indications perma-
nentes à la natation sont naturellement, en premier lieu, les lésions pleuro-pulmonaires; les
lésions ou la fatigue cardiaque. L'emphysème
interdit la nage d'une façon à peu près absolue.
Les lésions de l'oreille la contre-indiquent également.

Pour le water-polo, les contre-indications
sont les mêmes, nous y ajouterons seulement
l'excitabilité sensorielle.

Ceci dit, nous pouvons passer en revue les
quelques précautions nécessaires au nageur.

Tout d'abord, la nage intensive n'est permise
que lorsqu'on a franchi le dernier stade de

l'entraînement, celui décrit au tome III.

En d'autres termes, pour tenter un entraînement intensif destiné à vous conduire à un championnat, il est nécessaire d'être en parfait équilibre physique, en plein développement musculaire.

De même la participation aux concours ne devra pas aller au delà de quelques années. Il est, en effet, de constatation constante, que l'usage de la natation favorise l'emphysème pulmonaire.

Pour tout aspirant champion, la vie doit être extrêmement régulière, le sommeil paisible, l'alimentation légère et nutritive.

Les maux de gorge, les affections nasales doivent être soignées immédiatement et avec vigueur. On s'abstiendra de toute baignade pendant leur durée.

Comme nous l'avons dit plus haut, l'athlète évitera les exercices durs, tels que les agrès, les levers, l'aviron. La course, les lancers, le saut sont à recommander.

Les tremblements au sortir de l'eau, les rougeurs s'étendant partout le corps, doivent faire cesser l'entraînement.

La syncope, se produisant dans l'eau ou après la sortie, est un conseil d'extrême prudence. Il sera préférable d'interrompre l'entraînement et de visiter un médecin, avant de s'y remettre.

Durant l'entraînement, on proscrira entièrement les plongées prolongées qui amènent une fatigue rapide des organes respiratoires.

Rester dévêtu avant et après le bain est non seulement imprudent, mais dangereux. Il faut, au contraire, retirer au plus vite le maillot mouillé, même pendant les mois chauds de l'été.

A l'entraînement la durée de l'immersion ne doit pas dépasser vingt minutes. Répétons-le, il est préférable d'avoir deux bains par jour, de vingt minutes chacun, qu'un seul, même d'une demi-heure.

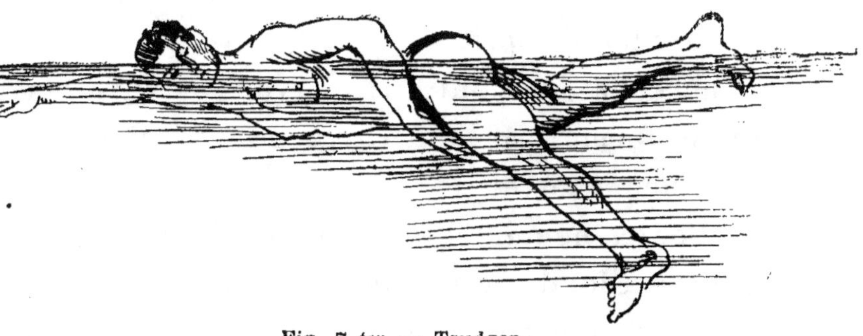

Fig. 7 *ter*. — Trudgen.

Les nages de vitesse, réclamant un gros effort respiratoire, seront réduites à l'entraînement au strict nécessaire.

Il vaut mieux développer la capacité respiratoire à sec, par la marche rythmée. On se présentera alors au concours en de meilleures conditions et non point déjà épuisé par un entraînement trop pénible.

Si l'on se destine aux 100 mètres, on essaie une fois ou deux fois par jour une nage un peu supérieure. Mais à une seule reprise et non pas pendant toute l'immersion.

On cherche tout d'abord le rythme et lorsqu'on le tient bien, l'on se permet quelques sprints sur une quarantaine de mètres.

Inutile de mesurer le temps, la connaissance de votre vitesse n'améliorera jamais votre condition et vous handicapera plutôt en vous tourmentant l'esprit.

Cherchez au contraire à vous mettre en bonne forme par une hygiène régulière et l'exercice à terre.

A l'entraînement il est toujours imprudent de pousser à fond, de donner toute sa puissance. Se modérer est œuvre de sagesse, en réservant la vigueur pour le jour de l'épreuve.

Pour les 400 mètres, les indications que nous venons de fournir sont encore valables. Partez sur cent mètres et progressivement, sans fatigue, allez jusqu'à cinq cents. Mais toujours, évitez la sensation d'épuisement.

Sur 1.500 mètres, le but à atteindre est le rythme, surveillez vos coulées, ne recherchez jamais la vitesse. Allez progressivement jusqu'aux dix-huit cents, deux mille mètres, en accroissant chaque jour, le parcours de cent mètres.

Ne passez au stade supérieur, que si vous accomplissez le précédent sans difficulté. Par exemple vous êtes arrivé aux 800 mètres aisément, mais à partir de ce moment vous soufflez. Travaillez donc inlassablement vos huit cents mètres jusqu'à ce que vous les couvriez aussi facilement que les six cents. N'allez jamais jusqu'à la fatigue et si cela vous arrive, privez-vous de bain pendant quelques jours.

Quand on dépasse les quinze cents mètres, on tombe dans les courses de fond. Ici il est nécessaire d'être au préalable un athlète bien complet; il vous faut avoir accompli des performances sérieuses, en lancer, en course.

Votre capacité respiratoire doit être en son complet développement, sinon c'est l'affection pulmonaire qui vous guette.

Les courses qui se disputent sur 5 à 6 kilomètres ne sont permises qu'aux nageurs de grande classe.

Le but à atteindre à l'entraînement est d'obtenir des brasses longues, régulières, une respiration paisible.

Avant de descendre à l'eau, on prend la précaution de s'enduire de graisse, le visage, les oreilles, les bras et les épaules.

Les crampes répétées sont un conseil à avoir à cesser l'entraînement et à abandonner l'idée de se présenter dans cette catégorie.

Il ne nous reste plus que de parler du water-polo pour en avoir fini avec la natation.

XI

Le water-polo semble assez délaissé en France
et cela tient surtout à ce qu'il réclame de la
part du joueur, une grande habitude de l'eau.
Or le nageur ne peut s'entraîner réellement
que pendant l'été, le nombre de piscines étant
insuffisant pour permettre un entraînement
d'hiver.

Il en résulte que ce jeu demeure le monopole
de quelques vieux nageurs, ayant une pratique
complète et longuement acquise.

Il est évident que pour jouer au ballon dans
une rivière ou une piscine, il est nécessaire de
pouvoir se tenir à l'eau dans toutes les positions,
on aura également à soutenir de véritables

luttes avec les membres du camp adverse.

A notre avis, il existe pourtant autant d'attrait à jouer le water-polo que le foot-ball à terre, or les deux jeux sont à peu près identiques.

Chaque équipe se compose : d'un gardien de but; de 3 joueurs avant, destinés à l'attaque; 3 joueurs arrière dont le rôle est la défensive.

La disposition des joueurs est à peu près la même que dans la partie de foot-ball.

Quant à la règle du jeu, elle est trop complexe pour qu'il soit possible de la résumer. Nous préférons donner en son entier le Code international qui est adopté par la Fédération internationale de natation.

Article Premier. — Dimensions du jeu : champ de 27 mètres au maximum, 17 mètres au minimum. Largeurs correspondantes 18 mètres et 9 mètres. La ligne de milieu sera nettement marquée, de même que les lignes de pénalité.

Art. 2. — Profondeur : A aucun endroit du champ du jeu, la profondeur de l'eau ne pourra être inférieure à 0 m. 90.

Art. 3. — Les buts doivent être fixés au centre à chaque bout du jeu. Ils doivent être placés à un minimum de 0 m. 30 des murs du bain ou de n'importe quel obstacle. La largeur des buts sera de trois mètres. Le but sera suspendu à une hauteur de 0 m. 90 au-dessus de l'eau quand la profondeur est inférieure à 1 m. 50. Les buts et les filets sont à fournir par l'équipe visitée. Les filets doivent être attachés de façon à clôturer entièrement le but jusqu'au-dessous de la surface de l'eau. Le fond du filet doit être à un minimum de 0 m. 30 de la ligne du but, depuis la barre transversale.

Art. 4. — *Balle*. — La balle doit être recouverte de cuir, ronde et complètement gonflée. La circonférence doit mesurer 0 m. 65 au minimum et 0 m. 70 au maximum. Elle sera imperméable et ne présentera aucune couture en saillie extérieure ; elle ne pourra être enduite d'aucun corps gras. Elle doit être fournie par l'équipe visitée.

Art. 5. — *Bonnets et drapeaux*. — L'une des équipes portera des bonnets bleu foncé et l'autre des bonnets blancs ; les gardiens de but porteront des bonnets rouges avec un carré de la couleur de leur équipe respective. .

Un drapeau rouge et un drapeau blanc seront remis à chaque juge du but. L'arbitre sera muni d'un drapeau blanc, d'un drapeau bleu et d'un sifflet. Tous ces accessoires sont à fournir par l'équipe visitée.

Art. 6. — *Commissaires*. — Les commissaires comprendront : un arbitre, un chronométreur et deux juges de but.

Art. 7. — *Arbitre*. — Le rôle de l'arbitre consiste :

a) A faire commencer la partie.

b) A arrêter tout jeu déloyal.

c) A trancher tous les coups litigieux.

d) A déclarer les fautes et faire observer les présentes règles.

e) A décider de tous les cas de buts, de coups de coin, coups francs, qu'ils soient signifiés ou non par les juges de but.

Les buts, fautes ou autres arrêts du jeu sont signalés par un coup de sifflet.

Les décisions de l'arbitre sont sans appel, pourvu qu'elles soient prises pendant la durée du jeu.

Remarque — Un arbitre peut revenir sur sa

décision, pourvu que cette décision soit signalée avant que la balle soit remise en jeu. Un arbitre a le droit d'arrêter le jeu à quelque moment que ce soit, si, selon lui, la conduite des joueurs ou des spectateurs, ou bien toute autre circonstance exceptionnelle lui semble pouvoir empêcher le match d'avoir un résultat équitable.

Art. 8. — *Juges de but.* — Les

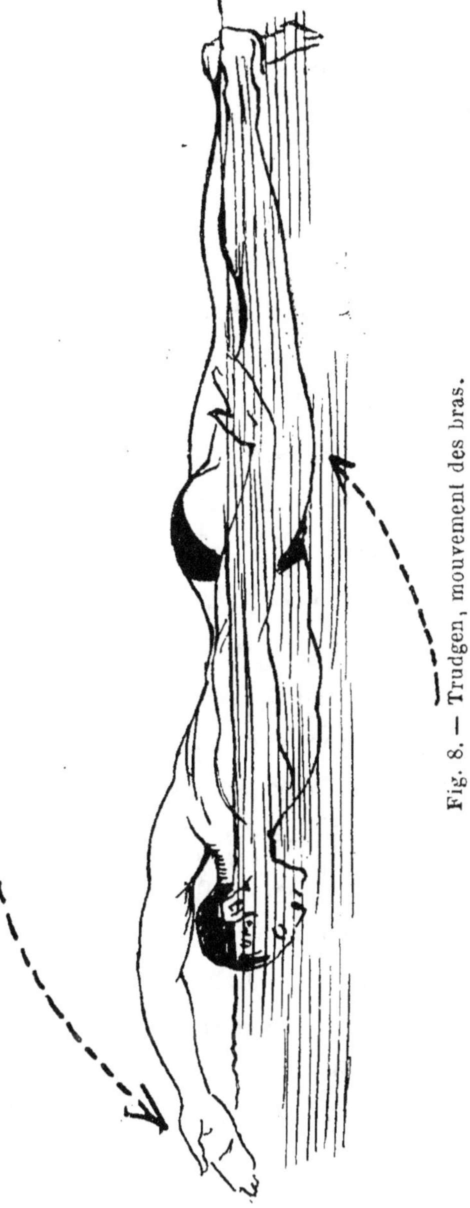

Fig. 8. — Trudgen, mouvement des bras.

juges de but ayant tiré au sort pour le choix du côté, se tiennent sur le bord de la ligne même du but, èt quand ils jugent que la balle a entièrement pénétré dans le but ou a dépassé la ligne de but (de leur côté respectif seulement) ils le signalent à l'arbitre. Le drapeau rouge annonce un coup de coin, le drapeau blanc un hors-jeu, et les deux drapeaux agités simultanément signalent un but. Les juges de but ne changent pas de camp et enregistrent les buts de chaque équipe à leur but respectif.

Art. 9. — *Chronométreur.* — Le chronométreur doit être muni d'un chronographe à arrêt et d'un sifflet. Il notifiera la mi-temps et la fin du jeu par un coup de sifflet, et ce signal prendra effet immédiatement.

Art. 10. — *Durée.* — La durée du match est de 14 minutes ; 3 minutes de repos seront accordées après 7 minutes de jeu effectif. Quand un but a été marqué, le temps nécessaire pour le constater, remettre les équipes en ligne et donner le départ, ne peut pas compter dans les 7 minutes de jeu. Il en sera de même pour le temps perdu à remettre la balle en jeu lorsqu'il y a un coup de coin, de même qu'en cas de hors-jeu, discussions..., etc.

ART. 11 — *Equipes*. — Chaque équipe se composera de 7 joueurs. Les nageurs porteront des costumes complets avec le petit caleçon en dessous. Ils ne pourront s'enduire le corps d'aucune matière grasse.

ART. 12. — *Capitaines*.— Les capitaines sont des équipiers de chacune des équipes. Ils se mettront d'accord sur les règles et dispositions du bassin; ils tireront au sort pour le côté où ils commenceront à jouer; le perdant aura le choix des couleurs. S'ils ne peuvent se mettre d'accord sur un point, l'arbitre décidera pour eux.

ART. 13. — *Départ*. — Les joueurs se remettront à l'eau et se tiendront sur la ligne de leur but respectif. L'arbitre se mettra sur le bord à égale distance des deux buts et, après s'être assuré que les capitaines sont prêts, prononcera le « partez » et jettera immédiatement la balle dans l'eau, au centre du jeu.

Un but ne pourra compter qu'autant que la balle aura été maniée (c'est-à-dire prise la main ouverte en dessous du poignet) par au moins deux joueurs, soit un adversaire, soit un second joueur de l'équipe attaquante, ce dernier devant toutefois se trouver dans la moitié du camp attaqué.

Si le gardien du but, dans le but d'arrêter la balle, touche celle-ci et qu'elle pénètre dans son but, alors qu'elle n'a été maniée que par deux joueurs d'une même équipe dont le dernier n'a pas dépassé la ligne de milieu, un coup franc sera accordé au gardien du but car dans ce cas, la balle n'est pas considérée comme ayant été maniée par le gardien du but.

Art. 14. — *But.* — Un but sera compté chaque fois que la balle passera entièrement entre les deux poteaux et sous la barre transversale (exception toutefois pour le cas signalé ci-dessus, art. 13.)

Si au coup de sifflet annonçant la mi-temps ou la fin du jeu, la balle n'a pas dépassé entièrement la ligne du but, le but ne sera pas accordé.

Un but peut être fait de la tête ou des pieds, à condition que la balle ait d'abord été maniée par au moins deux joueurs, comme prévu aux articles 13 et 17.

Note. — Un but ne peut être accordé sur coup

franc sans que la balle ait été maniée ; la volée n'est pas permise ; il faut que dans l'esprit de l'arbitre, la balle reste pendant un certain temps sur la main du joueur qui fait l'essai.

ART. 15. — *Fautes ordinaires.* — Seront considérées comme fautes ordinaires :

a) Toucher

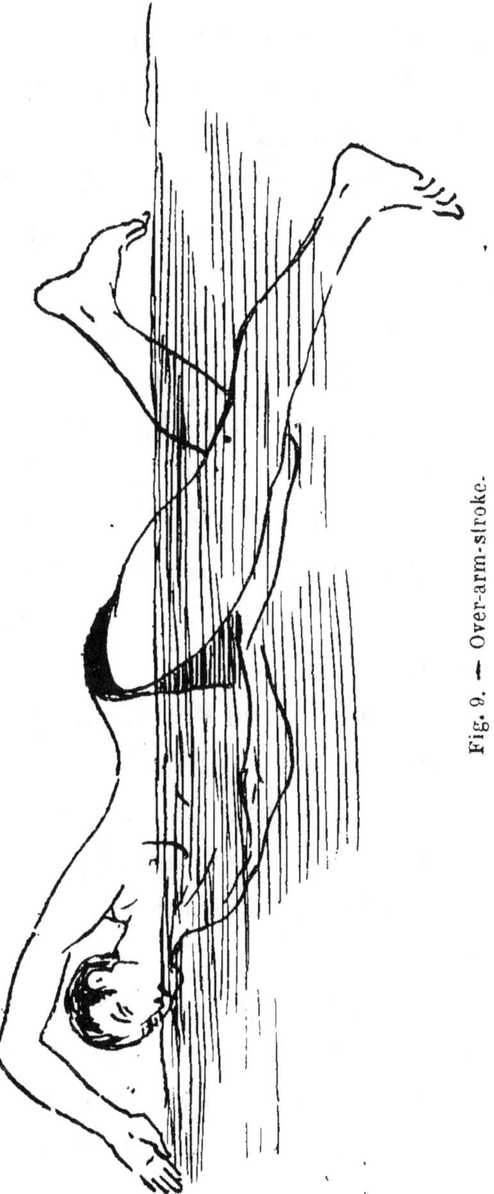

Fig. 9. — Over-arm-stroke.

la balle des deux mains en même temps;

b) Se tenir aux barres du but, aux rampes ou aux bords pendant la durée du jeu ;

c) Prendre pied pendant le jeu, à moins que ce ne soit pour se reposer, marcher sur le fond du bain ;

d) Arrêter ou gêner un adversaire, à moins qu'il ne tienne la balle ;

e) Maintenir la balle sous l'eau, lorsqu'on est enfoncé.

f) Se lancer du fond ou du bord pour prendre la balle ou enfoncer un adversaire (à moins que ce ne soit au départ, ou aux départs intermédiaires);

g) Tenir, pousser un adversaire ou prendre appui sur lui pour se lancer;

h) Faire la planche pour donner des coups de pied à un adversaire;

i) Aider ou lancer un joueur aux différents départs;

j) Pour n'importe quel joueur se lancer des montants du goal.

k) Pour le gardien du but, s'éloigner de plus de 3 m. 65 de son but ou mal donner un coup franc;

l) A l'occasion d'un coup franc, lancer la balle vers le gardien de but ou à un partenaire qui se trouverait dans les deux mètres du but.

m) Refuser de lancer le ballon au commandement de l'arbitre après une faute, ou après que le ballon a été hors-jeu;

n) Toucher la balle avant qu'elle ait été en contact avec l'eau, quand l'arbitre la jette à l'occasion d'une double faute.

Remarque. — Dribbler la balle ou la frapper n'est pas la tenir, mais la soulever, l'emporter, la maintenir sous l'eau, mettre la main en dessus ou en dessous en la touchant, c'est la tenir. Dribbler la balle jusque dans le but est permis.

ART. 16. — *Fautes volontaires.* — Si dans l'opinion de l'arbitre un joueur commet une faute ordinaire volontairement, ou une des fautes suivantes, l'arbitre le fera immédiatement sortir de l'eau jusqu'à ce qu'un but soit marqué.

Les fautes suivantes seront considérées comme volontaires :

a) Partir avant le mot « partez »;

b) Perdre volontairement du temps;

c) Prendre position à moins de deux mètres du but adverse ;

d) Changer de place après que l'arbitre a sifflé pour arrêter le jeu et avant que la balle soit de nouveau en jeu;

e) Jeter volontairement de l'eau à la figure d'un adversaire;

f) Frapper sur la balle avec le poing fermé.

Tout joueur devant quitter l'eau pour inconduite ou pour faute volontaire ne pourra pas rentrer au jeu avant qu'un but ait été marqué sans qu'il soit tenu compte de la mi-temps ou d'une prolongation et alors seulement avec l'autorisation de l'arbitre.

Remarque. — Dans les cas où l'arbitre ordonne à un joueur de sortir de l'eau et si ce joueur s'y refuse, la partie sera arrêtée et le gain du match sera donné à l'adversaire. Ce nageur sera renvoyé devant un comité compétent.

Art. 17. — *Coups francs.* — La pénalité pour chaque faute est un coup franc accordé au camp adverse de l'endroit où la faute a été commise.

L'arbitre signale la faute au moyen d'un coup de sifflet et indique le camp auquel le coup

franc est ac-
cordé au moyen
d'un drapeau de
sa couleur. L'é-
quipier le plus
proche de l'en-
droit où la faute
a été commise,
lance la balle.
Les autres
joueurs doivent
rester dans
leurs positions
respectives de-
puis le coup de
sifflet jusqu'au
moment où la
balle quitte la
main de celui
qui lance le
coup libre.

Dans l'esprit
de l'arbitre,
tous les joueurs
sont censés voir

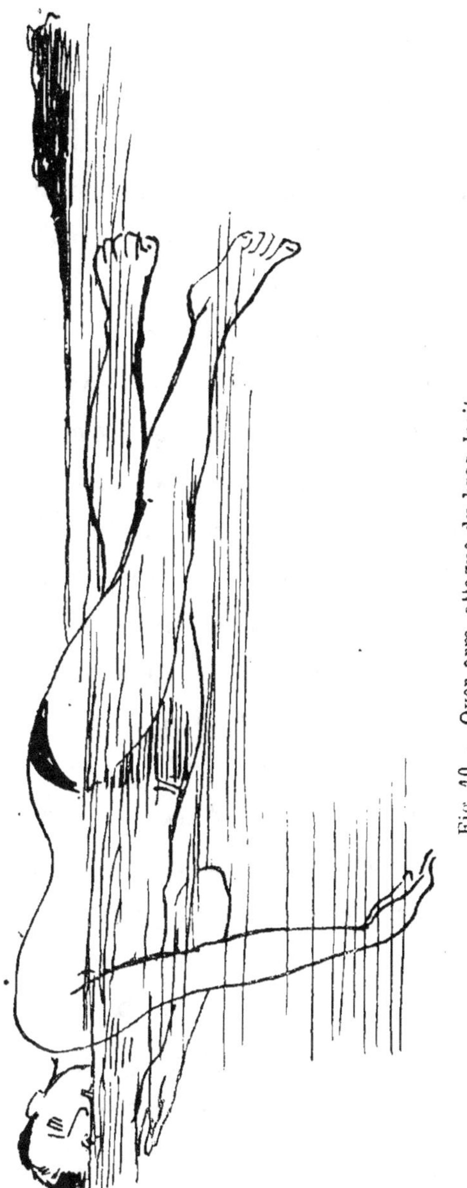

Fig. 10. — Over-arm, attaque du bras droit.

le moment où la balle quitte la main de celui qui lance le coup libre.

En cas d'indisposition ou d'accident, ou si un ou plusieurs joueurs de chaque équipe commettent une faute dans un temps tellement restreint qu'il est impossible à l'arbitre de voir à qui elle incombe, celui-ci fait tirer la balle de l'eau et l'y rejette aussi près que possible de l'endroit où les fautes ont été commises, de façon qu'un joueur de chaque équipe ait une chance égale de prendre la balle.

Dans ce cas, la balle doit avoir été en contact avec l'eau avant de pouvoir être touchée.

Dans n'importe quel cas, quand un coup franc est accordé par application de cette règle ou des articles 16, 19, 20 et 21, la balle doit être maniée par plus d'un joueur, avant qu'un but puisse être marqué.

Art. 18. — *Coups francs de punition.* — Un joueur victime d'une faute volontaire dans la ligne des 3 m. 65 du but de ses adversaires, aura droit à un coup franc de punition et le joueur fautif devra sortir de l'eau jusqu'à ce qu'un but soit marqué. Le joueur bénéficiant du coup se placera à n'importe quelle distance de la ligne des 3 m. 65 et attendra le signal de l'arbitre pour jeter la balle. Dans ce cas il n'est pas nécessaire que la balle soit maniée par un autre joueur pour que le but soit valable, mais tout joueur se trouvant en dehors de la ligne des 3 m. 65 peut intercepter la balle.

Art. 19. — *Gardien de but.* — Le gardien de but ne peut prendre pied pour défendre son but. Il ne peut pas lancer la balle plus loin que le milieu du jeu. La punition pour cette faute sera un coup franc accordé à l'équipe adverse ; ce coup se joue de la ligne de milieu du jeu et dans n'importe quelle direction. Le gardien de but doit se tenir en dedans de la ligne des 3 m. 65 ; s'il dépasse cette limite, il devra accorder un coup franc à son adversaire le plus proche de la ligne des 3 m. 65.

Les clauses *a)*, *c)*, *f)* de l'article 15 et *f)* de l'article 16 ne visent pas le gardien de but, mais il est considéré comme tout autre joueur lorsqu'il est en possession de la balle.

A moins de blessure ou d'indisposition qui l'obligerait à sortir de l'eau, le gardien de but ne peut changer qu'à la mi-temps. Dans ce cas l'article 22 ne s'applique pas.

Remarque. — Si un gardien de but reçoit l'ordre de sortir de l'eau, son camp ne peut désigner un autre joueur pour le remplacer qu'à la mi-temps et tout autre joueur défendant le but à sa place sera considéré comme un joueur ordinaire et ne bénéficiera pas des clauses et exceptions accordées au gardien du but.

ART. 20. — *Coups francs de but et de coin.* — Un joueur qui lance la balle au delà de sa propre ligne de but donne droit à un coup libre de coin à ses adversaires ; ce coup sera lancé par le joueur le plus proche de l'endroit où la balle est sortie du jeu ; il se placera sur la ligne des deux mètres au coin de la limite du champ de water-polo.

Si un joueur fait passer entièrement la balle en dehors de la ligne de but de l'équipe adverse il est accordé un coup libre au gardien de but qui doit passer la balle à un autre joueur ou au delà de la ligne de deux mètres. L'arbitre doit siffler immédiatement lorsque la balle a dépassé la ligne de but, et depuis cet instant jusqu'au moment où la balle a quitté la main dé celui à qui revient le coup libre, aucun joueur ne peut changer de place. Si un gardien de but lance la balle en jeu et que, avant qu'un autre joueur l'ait maniée, il la reprenne et la fasse passer entièrement à travers son but, un coup de coin sera accordé à ses adversaires.

Art. 21. — *Touches.* — Si l'un des joueurs lance la balle latéralement en dehors du jeu, l'équipier le plus proche du camp adverse ira la prendre pour la lancer du point où elle a dépassé les limites. Si la balle frappe un mur et rebondit sur l'eau dans le camp du match, elle continuera à être considérée comme étant en jeu, à moins bien entendu, que ce ne soit un mur situé derrière le but. Mais si la balle reste maintenue par un obstacle au-dessus du niveau de l'eau, elle est considérée comme étant hors jeu. Dans ce cas,

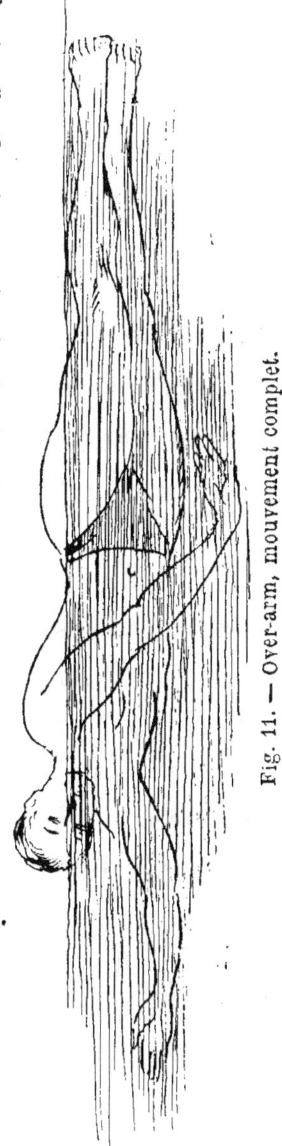

Fig. 11. — Over-arm, mouvement complet.

la balle rejetée par l'arbitre après l'arrêt de
la partie, devra avoir été en contact avec
l'eau avant d'être touchée et doit être maniée
par plus. d'un joueur avant qu'un but puisse
être marqué.

ART. 22 — *Sortie de l'eau.* — Un équipier
sortant de l'eau, s'asseyant ou se tenant debout
sur les marches ou sur le fond pendant la partie, ne pourra rentrer en jeu qu'après qu'un but
aura été marqué ou à la mi-temps.

Si un équipier quitte l'eau, il ne peut y rentrer
que par sa ligne de but et avec l'autorisation
de l'arbitre.

Un joueur quittant l'eau pendant la durée du
match ou refusant de rentrer en jeu à la demande
de l'arbitre, sera considéré comme étant en état
d'indiscipline et renvoyé devant un comité
compétent qui le suspendra. »

Nous n'avons rien à ajouter à ce long exposé
qui fournit un détail exact de la règle du jeu.

Constatons cependant que le water-polo est
un exercice fort difficile et réclame de la part
de l'athlète : souplesse, vigueur et résistance ;
qualités que l'on n'obtiendra que par un long
entraînement.

Malheureusement, en natation, les progrès sont toujours lents, ou plus exactement, ils demeurent presque insensibles.

Pour terminer, jetons un dernier coup d'œil sur les divers mouvements du jeu.

La prise de balle se fait en saisissant d'une main le ballon pour le soulever.

La réception s'exécute en tenant la main

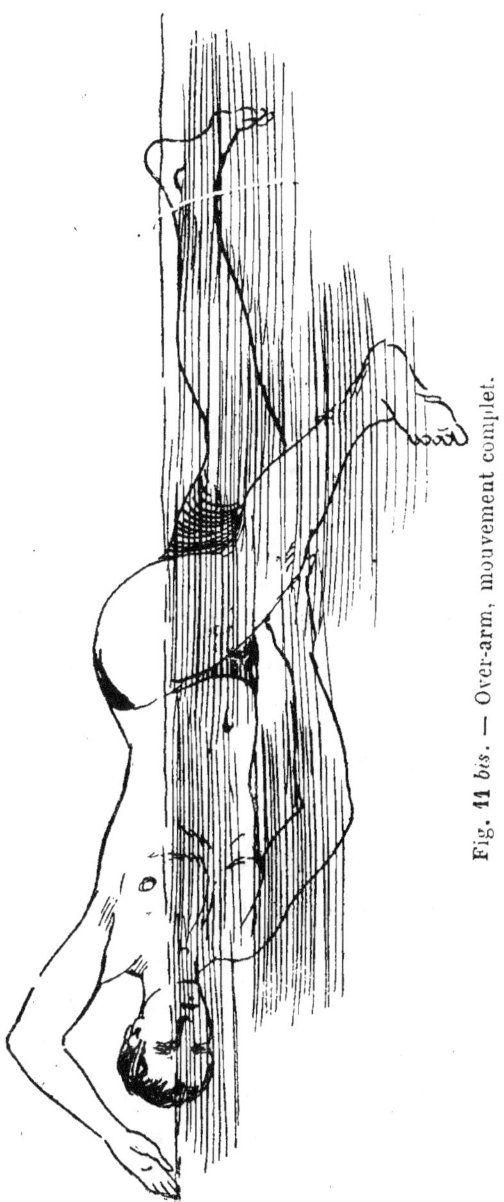

Fig. 11 *bis*. — Over-arm, mouvement complet.

près de la poitrine, le ballon va ainsi se loger
dans l'angle formé par le bras et le corps.

La passe, consiste à transmettre la balle à
un co-équipier, qui lui, à son tour, la passera
plus loin. Il faut s'habituer à pratiquer la passe
dans toutes les positions et c'est à cet exercice
que se reconnaissent les bons joueurs.

Pour le *Dribbling*, comme au foot-ball on
pousse la balle devant soi, en évitant les
embûches. Le dribbling demande beaucoup de
souplesse, une nage coulée et surtout du sang-
froid.

Le shoot, c'est le coup final qui doit envoyer
le ballon au but adverse. On shoot aussi bien
avec la tête qu'avec les mains, c'est une habitude à prendre que l'on acquiert d'ailleurs très
vite.

Nous ne disons rien de l'entraînement spécial qui se confond avec celui de la nage. Lorsque vous nagez parfaitement, que vous vous
mouvez dans l'eau avec désinvolture, jouez
souvent, ce sera le meilleur entraînement.

Toutefois, usez sans abuser; le water-polo
réclame un gros effort, autant respiratoire que
musculaire.

Evitez les refroidissements au sortir de l'eau, ceux-ci sont toujours à craindre après une partie de polo mouvementée qui à accru

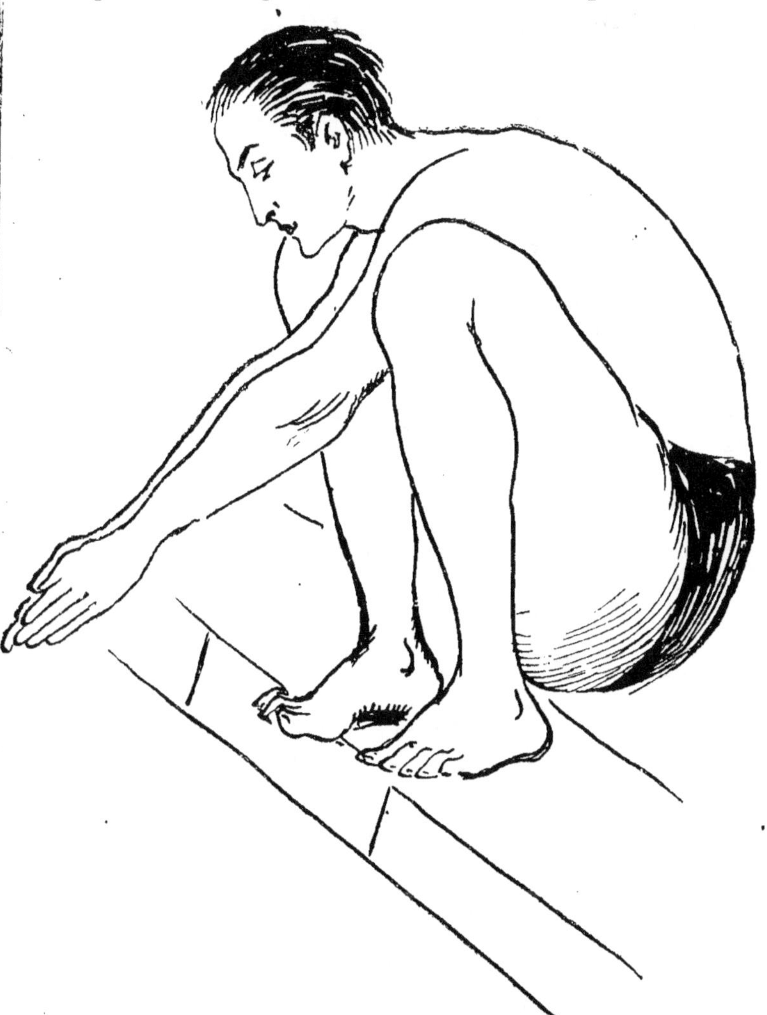

Fig. 12. — Comment on apprend à plon er, 1er temps.

considérablement la rapidité de la circulation.

Toutes les indications que nous avons données au chapitre de l'entraînement en course,
sont valables ici.

XII

Voici une liste à peu près complète des épreuves qu'offre aux concurrents la Fédération :

Pour les championnats de France :

      100 mètres : nage libre.

      100 — nage sur le dos.

      200 — brasse.

      400 — nage libre.

      400 — brasse.

    1.500 — nage libre.

Les 4 nages sur 200 mètres.

6 à 8 kilomètres, course de grand fond.

Par équipes :

5 nageurs 250 mètres, 50 mètres par nageur. (1re et 2e série pour la coupe nationale).

4 nageurs, 200 mètres, 50 mètres par nageur 4 nages diflérentes.

• Un record peut être établi soit dans un scratch, soit en un essai individuel, s'il a été annoncé trois jours à l'avance.

Pour un record, le costume réglementaire, avec petit caleçon en dessous, est obligatoire

Ce costume est bleu foncé ou noir.

Sous le costume, un slip de 6 centimètres sur le côté.

L'entournure sera échancrée à 7 c. 1/2 au dessous de l'aisselle.

L'échancrure du cou ne dépassera pas cinq centimètres à partir de la base du cou.

Tout les essais ont lieu en public ; jamais de record à l'entraînement.

Pour faciliter la lecture des tableaux de records que donnent certains journaux sportifs disons que le *yard*, mesure anglaise, vaut 91 centimètres.

Les 150 yards valent donc 134 m. 50.

Les 220 yards valent donc 200 m. 20.

Le mille vaut 1.609 mètres.

Les fluctuations continuelles des records mondiaux nous empêchent de fournir ici des chiffres qui, exacts aujourd'hui, se verraient grandement dépassés demain.

Les Jeux olympiques nous donneront assurément un critérium général de ce que peut la vigueur humaine. Nous pourrons y admirer les plus beaux athlètes de l'univers. Certes nous aurons des concurrents redoutables, mais ce ne peut être là une cause de découragement, au

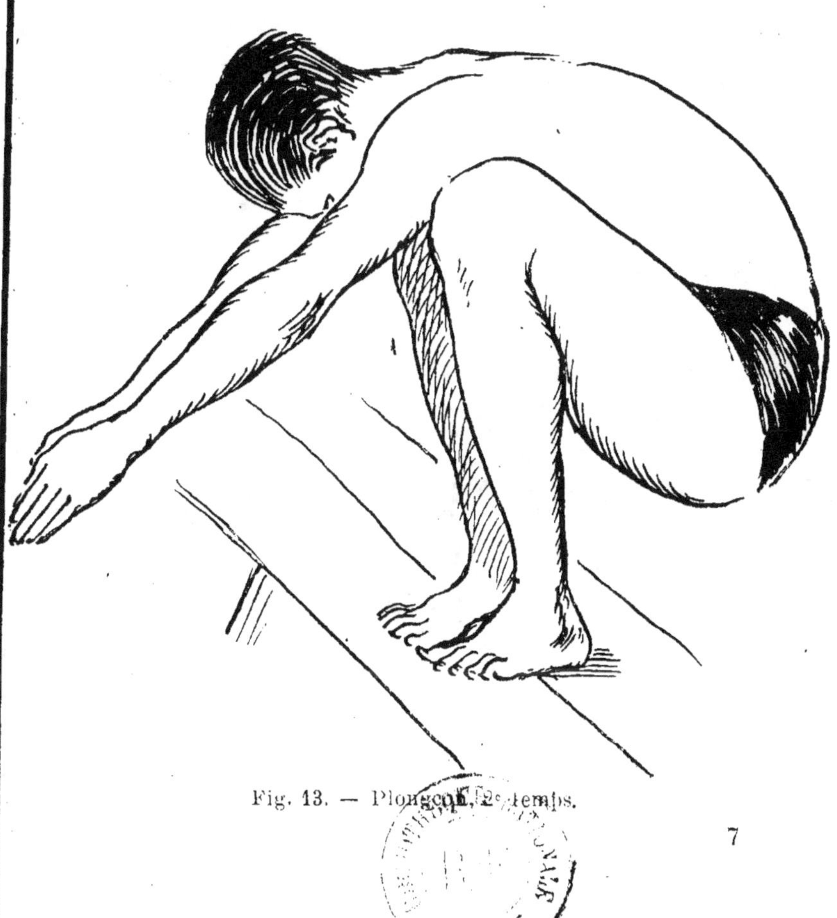

Fig. 13. — Plongeon, 2e temps.

7

contraire. Et ce n'est qu'en nageant qu'on devient bon nageur... si l'on sait s'entourer des précautions hygiéniques nécessaires.

Quoiqu'il en soit nous ne saurions trop détourner les athlètes qui ne se sentent pas en bonne et complète forme de prendre part aux grandes épreuves internationales et surtout de s'astreindre à un entraînement qui serait pernicieux.

Comme pour la course, pour la nage, il faut :

> Un bon cœur.
> De bons poumons.

Le reste n'est que secondaire.

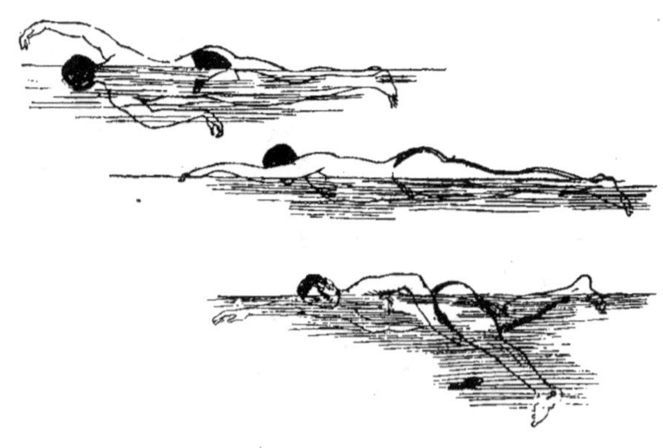

DEUXIÈME PARTIE

L'AVIRON

I

Comme nous l'avons dit plus haut, l'aviron et la nage sont deux sports incompatibles. Pourtant ils se tiennent étroitement et en tout cas il faut savoir nager, voire bien nager, si l'on veut pratiquer l'aviron sans inquiétude.

Si vous 'n'êtes au préalable bon nageur, il faudra vous détourner du canotage qui sera aussi dangereux pour vous que pour les autres.

En outre, possédant une parfaite habitude de l'élément liquide, vous êtes capable de donner en skiff, par exemple, votre maximum.

Mais si, attiré par la beauté du rowing, vous

vous adonnez à ce sport, abandonnez entièrement l'espoir de nager en course. Donnez au contraire tout votre temps disponible à la manœuvre de la pelle qui est sans conteste un des gestes les plus harmonieux.

Ceci dit, passons tout d'abord un rapide examen des différentes embarcations actuellement usitées.

Dans les bateaux de promenade ou de course, on considère deux catégories : le bateau à clins et le bateau à franc-bordage.

Les clins sont de longues planches de bois qui garnissent tout le bordage de l'embarcation. Elles se présentent en nombre varié et se chevauchent l'une l'autre. Le bordage présente donc des saillies régulières allant du haut vers le bas, parallèlement à la ligne de flottaison.

Par contre le franc-bordage est uni, composé également de plusieurs planches, mais juxtaposées et non superposées.

Dans la première catégorie on range le canoë et aussi la yole-franche qui cependant se construit de plus en plus à franc-bord.

Dans la deuxième, on trouve, le skiff, l'outrigger et la périssoire.

Le canoë possède une longueur variant entre 6 et 7 mètres ; il est armé de un ou deux rameurs. Peu maniable en course, il est en revanche très stable.

La périssoire, au contraire, est l'embarcation idéale pour la légèreté. Manœuvrée à la pagaie, elle est d'une longueur de 6 à 7 m. 50 et d'un poids variant autour de 10 kilogs. Elle est presque toujours construite en acajou et se présente sous

Fig. 14. — Plongeon, 3e temps.

une ligne pure. Le véritable bateau de course à un rameur reste assurément le skiff. Le bordage est en plaques d'acajou juxtaposées ; l'avant et l'arrière sont pontés et garnis d'étoffes vernies afin de garantir l'étanchéité, tout en gardant la légèreté. Le gréement est porté à l'extérieur dans le but de conserver à l'embarcation sa finesse, gage de sa vitesse.

Les outriggers à plusieurs rameurs, ont la même apparance, seules leurs dimensions changent.

Ces dimensions sont les suivantes :

Skiff. 7 m. 50 à 9 mètres, sur 28 à 30 centimètres de large.

Double-scull : 9 à 10 sur 35 à 40 centimètres.

Double pointe : à peu près identique, plus large cependant, mais la différence n'est que de quelques centimètres.

Quatre de pointe : 12 à 13 mètres de long.

Disons, ici, qu'une embarcation est armée en pointe, lorsque chaque nageur ne manœuvre qu'un seul aviron.

Elle est armée en couple, lorsque le nageur a les deux avirons.

Le double-scull est donc de deux rameurs munis de deux avirons.

A part les outriggers, il nous reste la yole de mer, qui est plus lourde, moins maniable et n'a d'intérêt en eau douce que comme bateau d'entraînement.

Ses dimensions sont généralement les suivantes :

8 rameurs : 14 m. 50 de long, 0 m. 85 de large à la flottaison et d'un poids de 140 kilogs environ.

4 rameurs : 10 m. 50 de long, 0 m. 85 de large ; 90 kilogs environ.

2 rameurs : 8 m. 50 de long, 0 m. 75 de large ; 65 kilogs.

Le mot yole, vient du norvégien *Jol*, qui signifie canot, mais canot de mer, ce qui indique bien sa destination.

Enfin la canadienne, mise à la mode par les Anglais, est une déformation de la pirogue indienne. A fond arrondi, elle est très instable, mais d'une extrême légèreté. Elle se manœuvre à la pagaie et semble plutôt destinée à la promenade.

En résumé :

Embarcations de courses : *Skiff* et *outriggers* divers, gréés extérieurement, pontage en étoffe vernie, armés en pointe ou en couple.

Embarcations de promenade : *Périssoire*, pontage en étoffe, nageant à la pagaie ; dimensions et lignes du skiff.

Canadienne, pirogue à fond arrondi, manœuvrée à la pagaie.

Embarcation d'entraînement : yole de mer, à clins ou à franc-bord, sans pontage, à bancs mobiles comme les canots de course.

Nous occupant uniquement de l'aviron, nous nous arrêterons à cette nomenclature, sans parler des canots automobiles ou autres.

Notons seulement en passant, que c'est peut-être en France, patrie de l'automobile, que ce genre de navigation est le plus délaissé.

Enfin il existe une sorte de canotage en Angleterre et en Amérique qui semble à peu près inconnue en ce pays ; nous voulons parler de la gaffe.

Fig. 15. — Plongeon classique.

Rien n'est plus harmonieux que le geste de l'athlète, à l'avant ou à l'arrière, qui manœuvre la gaffe avec rythme. C'est en outre un exercice plus hygiénique que l'aviron et surtout moins pénible. Il réclame cependant une grande souplesse.

« Tout le long de la Tamise », comme dit la chanson, vous voyez un grand nombre de ces athlètes et l'effet est sans conteste des plus gracieux.

Le canot étant une sorte de yole pontée ne manque pas de légèreté et reste parfaitement maniable. La gaffe est une longue tige de bois que vous poussez au fond à deux mains. La main droite en haut, la gauche à cinquante centimètres au-dessous.

L'effort de poussée se produit avec le buste qui s'incline en avant, les bras demeurant fermés, à demi-pliés.

Le corps se plie à environ 60 degrés, puis le torse se redresse, soulevant la gaffe. La main gauche peut également être mobile et glisser le long de la gaffe, lorsque celle-ci remonte.

Il suffit de deux ou trois essais pour parvenir à un résultat élégant.

A Venise, les gondoles ne sont manœuvrées autrement; sur les canaux hollandais, tous les chalands naviguent à la gaffe.

Nous ne croyons pas que la profondeur des rivières de France s'oppose à ce sport, qui doit-être classé, à notre avis, parmi les plus sains, les plus hygiéniques.

Ce procédé, assurément, hâtons-nous de le dire, ne procure pas la vitesse; mais contentons-nous de ce qu'il soit beau à regarder. Et espérons qu'aux Jeux Olympiques, un Anglais ou un Américain nous en donne une exhibition.

II

Donnons maintenant une description suc-
cincte de l'embarcation, avec les termes
appropriés et généralement usités.

Lorsqu'on se place à l'arrière, face à l'avant :
Tribord est le côté droit.
Bâbord le côté gauche.
Les rameurs sont numérotés en partant du
barreur : la bordée de tribord contient les
numéros pairs; la bordée de bâbord contient
les numéros impairs. Par conséquent à la gauche du barreur : 1, 3, 5, 7; à sa droite 2, 4, 6, 8.

Le n° 1 est toujours chef de nage, ce sera à
lui que le barreur s'adressera pour rythmer la
nage.

L'*aviron*, se compose de deux parties :

Le *levier*, qui est la tige allant jusqu'à la
partie évasée.

La *pelle*, palette qui termine le levier.

L'aviron de couple, a généralement un
levier de 90 centimètres et une pelle de 60.

L'aviron de pointe a un levier de 1 m. 10 et
une pelle de 75 centimètres.

Ces chiffres ne sont assurément pas immua-
bles, ils peuvent varier de quelques centimètres.

Sur l'embarcation, l'aviron est supporté par
le portant, terminé lui-même par le système.

Le portant est composé de quatre tiges
creuses partant du bord vers l'extérieur. Ces
tiges sont fixes ; mais à leur extrémité se trouve
le *système*, sorte de U en cuivre dans lequel
est glissé l'aviron.

Le portant cependant ne se trouve guère que
dans le skiff et les divers outriggers, c'est-à-
dire dans embarcations de course.

Le bateau lui-même est composé de la *carlingue* qui passe d'un bout à l'autre du fond dans
le plan horizontal.

A la carlingue s'accrochent les *varangues*,

planches de bois plates et décrivant un léger demi-cercle composant la carcasse elle-même.

A l'avant la carlingue se termine par *l'étrave*, à l'arrière par *l'étambot*.

Sur les varangues qui sont par conséquent dans le plan vertical, on applique des planches horizontales, généralement en acajou pour les embarcations légères. Ce sont ces planches réunies et jointées qui composent le *bordage*.

Afin de maintenir un écartement régulier tout le long du bateau, on ajoute des *barres d'écartement*, qui sont des barres transversales allant d'un bordage à l'autre.

Dans le skiff et les divers outriggers, on a ménagé juste la place du ou des nageurs, l'avant et l'arrière sont recouverts de toile vernie imperméable à l'eau. C'est ce qu'on appelle le *pontage*.

Ce pontage est destiné à assurer l'étanchéité de la barque que son extrême fragilité expose à embarquer aisément de forts paquets d'eau.

Dans le canoë ce pontage se fait en bois, ce qui, naturellement, alourdit l'embarcation d'une façon considérable.

Dans la yole de mer, à cause de sa grande stabilité, le pontage est supprimé, l'avant et l'arrière restent libres.

Nous ne dirons rien de la barre que chacun connaît. C'est une planche de bois verticale que le barreur actionne au moyen de cordelettes.

Dans les embarcations de courses, le banc sur lequel s'assied le rameur est mobile. C'est un petit banc en acajou qui repose sur quatre petits rails d'une soixantaine de centimètres de longueur. Ces rails sont eux-mêmes posés sur un châssis fixe. Sous le banc, des roues permettent le coulissage régulier et aisé.

Afin de permettre ce mouvement sans effort les pieds du nageur sont appuyés sur un banc incliné, muni de courroies. Les pieds pénètrent sous les courroies et sont ainsi maintenus.

La pointe que l'on aperçoit à l'avant, à l'extrémité du haut bord, s'appelle le brise-lame. Il ne brise certainement rien, mais il figure ici pour équilibrer l'embarcation.

Comme on peut s'en rendre compte, ces frêles bateaux de course sont minutieusement établis. Ils réunissent la légèreté, la stabilité, l'étanchéité. Quand au songe qu'un skiff qui aura 9 mètres de long, pèse dans les 15 kilogs, on estime le résultat merveilleux.

Aussi quel chef-d'œuvre de grâce, de pureté de lignes, que ces jolies nacelles, toute brillantes, qui paraissent à peine frôler l'eau, en leur glissement rapide et silencieux. Malheureuse-

Fig. 16. — Suédoise.

ment leur prix s'accroît de jour en jour.

Voyons maintenant comment on entretient ces joujoux, d'apparence si fragile.

Le premier soin, en sortant de l'eau, est de retourner sa barque et de la vider complètement. On essuie avec soin les bordages, la coque entière, au moyen d'un chiffon et ensuite d'une peau.

Les systèmes sont démontés, essuyés et graissés avec le mélange ordinaire d'huile et de pétrole.

De temps à autre, on démonte les coulisses, on les nettoie et on les graisse avec le même mélange.

Au sortir de l'eau, les avirons sont lavés, puis essuyés comme la coque. Les cuirs sont soigneusement épongés. A la sortie suivante, avant la mise à l'eau, on les graisse afin de les entretenir dans leur état de souplesse.

Les modes de suspensions sont divers, ceux qui font porter tout le poids de la barque sur la coque sont les meilleurs. La fragilité relative des portants empêche que l'on abandonne longtemps l'embarcation suspendue par eux.

Les gerces qui se produisent dans les bordages sont réparés en y introduisant un peu de suif sur lequel on colle une bande de soie au moyen d'un peu de gomme laque.

Ce calfatage cependant ne peut être qu'un moyen de fortune.

Pour les gerces plus longues, il faut avoir recours au spécialiste, qui, d'ordinaire, remplace, la ou les bandes crevées.

Comme on le voit cet entretien est peu compliqué, c'est pourquoi il est bon de ne point le négliger, d'autant plus que le matériel, à l'heure actuelle, se manifeste d'une cherté excessive.

Nous en avons fini avec l'outillage lui-même, passons maintenant à l'homme qui va manœuvrer ce skiff ou cette yole.

III

Pour être bon rameur il faut être grand ; ceci
n'implique point que l'individu de petite taille
ne fournira pas des performances remarquables,
seulement il les accomplira avec un effort beaucoup plus considérable que le concurrent de
grande taille.

Le rowing réclame une certaine force musculaire des bras, une bonne élasticité des reins.
Si on l'exécute avec modération, c'est-à-dire en
de courtes randonnées, il existe peu de contre-
indications. En revanche si l'on souhaite s'adonner à ce sport d'une façon plus énergique, toute
lésion cardiaque ou pulmonaire s'y opposera.

Surtout le cœur a besoin d'être solide et cela

se comprend si l'on considère l'effort que le coup de rame réclame des muscles du buste.

Même si le cœur paraît en excellent état, on ne fera plus de rowing après 30 ans. Certes, il sera toujours permis à un ancien fidèle de la pelle, de se permettre des promenades même quotidienne si elles sont faites avec modération, lenteur et sur un bref parcours.

Nous ne conseillons pas à l'athlète de se livrer au rowing intensif avant d'avoir terminé l'entraînement du tome III.

En dessous de 18 ans, il est le plus souvent pernicieux, à cause de l'effort cardiaque qu'il demande. Le cœur du rameur en course est soumis à un travail considérable, c'est pourquoi à la suite des épreuves on assiste à de si multiples claquages qui vont jusqu'à la syncope.

L'hygiène spéciale est celle que nous avons indiquée aux trois premiers tomes. La nourriture sera substantielle comme décrite au tome I. Les massages seront ceux du tronc, des bras, de l'épaule et de la taille.

C'est-à-dire tous ceux que nous avons indiqués sauf les frictions regardant les pieds, les jambes, les cuisses.

Se reporter, à ce propos, aux trois tomes précédents.

Ce massage aura lieu le soir, de même que le tub quotidien sera matinal.

L'entraînement lui-même sera très modéré et d'une lente gradation.

D'ailleurs les résultats sont souvent inappréciables tant ils se présentent peu rapides. Et ce sera tout soudainement que l'on se rendra compte qu'on est devenu un excellent rameur.

Quand on fait du rowing, il est préférable d'éviter la gymnastique d'agrès qui deviendrait un surcroît de fatigue inutile.

Ne croyons pas trop aux vieilles affirmations qui prétendent que le rowing développe la poitrine.

Il serait plus exact de dire que le canotage modéré est un excellent exercice et que le rowing intensif entraîne le claquage des poumons.

Il en est de ce sport comme de toute chose : il faut user et ne point abuser.

Le premier soin en mettant pied à terre, après une promenade, est de glisser, par-dessus le tricot de coton, un épais maillot de laine.

Quant à l'entraînement proprement dit, il vaut ce que vaut la patience et la ténacité de l'athlète.

Nous préconisons plutôt l'entraînement individuel, que les montées en groupe, pour le début.

Un skiff un peu lourd est préférable à tout autre embarcation plus légère.

Si on adopte l'entraînement individuel, on se livrera à des sorties régulières, sur un parcours assez long, mais coupé de temps d'arrêts.

On se résignera à une cadence lente, s'ingéniant à bien décomposer le coup de rame, à tirer sur les leviers sans heurt, à battre l'eau sans éclat.

Il faudra un bon mois de travail suivi, pour parvenir à la régularité du rythme qui fait seul le bon rameur.

Quand on sera bien en possession du mouvement, on se permettra une légère accélération, mais en diminuant le parcours, de façon à éviter la fatigue cause primordiale de beaucoup d'insuccès.

Les sorties d'hiver ne sont pas à conseiller aux débutants; trop d'éléments les gênent, le

Fig. 17. — Le Saut de carpe,
l'entrée dans l'eau doit se faire absolument
verticale.

froid d'abord, qui ne laisse pas une égale liberté d'esprit; la peur de l'eau glacée qui paralysera les efforts.

En été, par contre, tous ces inconvénients disparaîtront, l'athlète jouira dans sa barque d'une entière liberté, ce qui lui permettra de mieux s'occuper de ses bras.

Tout ce que nous disons ici, a trait, naturellement, à la nage en couple. On n'apprend pas à ramer en ne travaillant que la nage en pointe. En outre, au point de vue athlétique, la manœuvre des deux avirons est bien supérieure.

En général, au-dessous de vingt ans, c'est-à-dire avant d'avoir atteint son plein développement physique, il est pernicieux de nager en pointe. Cette forme entraîne fatalement une déviation du buste et une inégalité dans la capacité respiratoire des deux poumons.

Par conséquent, débutez en couple, avec un skiff assez lourd, tout en conservant sa finesse. Prenez lentement une bonne cadence du coup de rame, coordonnée avec la flexion du torse. Développez la poitrine, sans effort; apprenez à respirer régulièrement, la bouche fermée. Dès que l'essoufflement se manifeste, autorisez-vous un **temps de repos**.

Quand vous possédez un rythme régulier, choisissez un camarade ayant déjà beaucoup pratiqué et sachant manier l'aviron.

Nagez en double-scull avec lui, adaptez-vous sa cadence, mais ne craignez pas d'interrompre dès que vous sentez la fatigue. Mieux entraîné que vous, travaillant avec plus de justesse, il sera plus long que vous à s'épuiser. N'attendez donc pas son signal de repos, pour arrêter la nage.

Accompagnez ce camarade le plus souvent possible, ne vous lassez pas d'un exercice qui pourrait vous devenir monotone. Surtout ne changez pas encore de guide, n'allez pas un jour avec l'un, le lendemain avec un autre. Tant que vous n'êtes pas sûr de vous, vous ne gagneriez à ce procédé, que de mauvaises habitudes.

Enfin demandez à faire partie d'une équipe de couple.

Là, il faudra de votre part, une stricte obéissance, une parfaite compréhension de l'autorité du barreur qui a devant les yeux tous les avirons.

Fig. 18. — Le Saut de l'ange.

Ne regardez pas les rames de vos compagnons, mais le buste, parce que c'est de là que part le mouvement.

Ne vous inquiétez ni de la direction, ni de qui se passe autour de vous. Votre rôle unique est de **ramer en cadence**, avec un coup de pelle assez énergique pour seconder l'effort de vos co-équipiers.

A **partir** de ce moment, nous n'avons plus aucun conseil à vous donner. Vous êtes entre les mains du chef entraîneur qui, connaissant tout son monde, saura vous diriger.

Nous ne pouvons que répéter : évitez la fatigue, craignez l'essoufflement, si vous avez la **prétention** de devenir un rameur de grande classe.

De même, ne débutez pas trop jeune; jamais en dessous de dix-huit ans.

En Angleterre, on fait assurément un peu de rowing dans toutes les écoles, mais seulement comme délassement.

Ce n'est qu'à l'Université : Oxford ou Cambridge que l'on attaque vraiment ce sport.

Le temps d'Université terminé, il est très rare qu'un athlète rame encore en course. Tandis que, pour d'autres sports, vous voyez des joueurs de 35 ans, en particulier dans le lancer.

Quand on rame bien en couple, la nage en pointe vient pour ainsi dire d'elle-même. Ici naturellement l'entraînement individuel est impossible.

On choisit d'ordinaire, pour l'entraînement, la yole de mer qui est très stable.

Les mouvements, s'ils sont à peu près semblables à la nage précédente, réclament un plus gros effort physique.

La cause de cet effort est un manque d'équilibre du buste. En revanche, une yole conduite en pointe, sera considérablement plus vite que la même, menée en couple.

C'est pourquoi en mer, la nage en pointe est à peu près la seule usitée, la résistance de l'eau, par sa profondeur, étant plus grande.

Adopter immédiatement le banc mobile est mauvais au débutant, il n'apprend pas ainsi à équilibrer son effort des bras, comptant beaucoup sur le secours des jambes.

Tenez toujours la tête levée, la bouche fermée, et respirez régulièrement. Ne cherchez

Fig. 19. — Sauvetage, prise de la tête.

jamais à
rattraper
votre souf-
fle, il re-
viendra de
lui-même
au ryth-
me néces-
saire.

Quant au
style, on
l'acquiert
en décom-
posant
bien son
coup de
rame.

Dans ce
but, le ca-
pitaine
aura avan-
tage à faire
travailler
lentement
son équipe

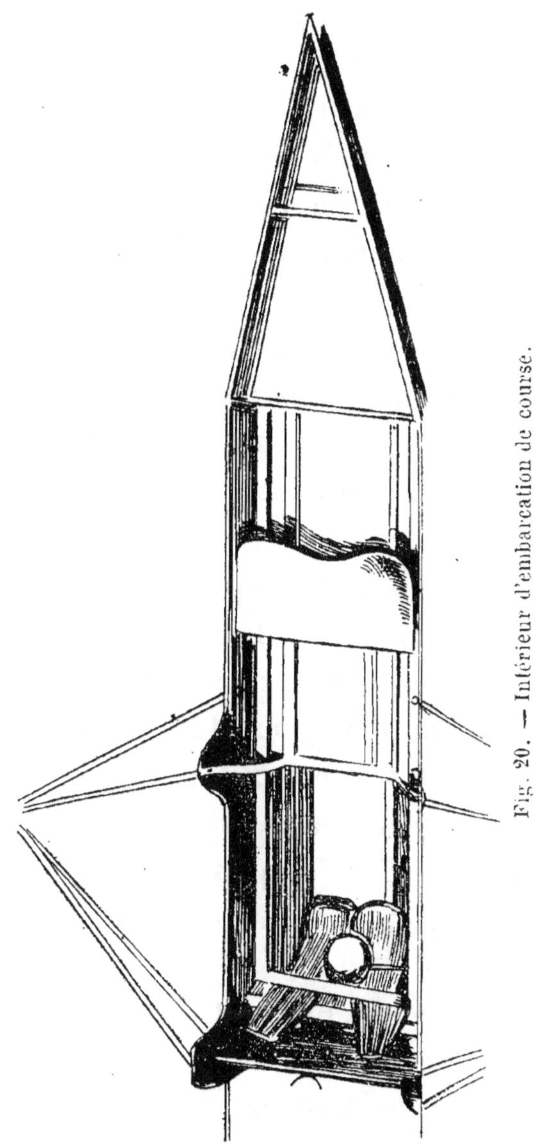

Fig. 20. — Intérieur d'embarcation de course.

dans les débuts, pour cela, il comptera 1, 2, 3, à chaque temps, à une cadence toujours égale.

Il est mauvais d'activer la cadence tout en ramant. Que le capitaine choisisse une cadence et la continue jusqu'à l'arrêt. Puis ensuite, il en adopte une plus rapide.

Si, dans un rythme vif, l'équipe manque d'ensemble, il en déduira qu'elle est composée d'éléments disparates au point de vue musculaire. Il notera les retardataires, et peut-être suffira-t-il de les changer de place, pour que tout aille bien.

Si ce résultat n'était pas obtenu et qu'il soit dans l'impossibilité de changer d'équipiers, il fera longuement travailler son monde à une cadence lente, sur des parcours assez étendus.

Qu'il veille aux têtes inclinées : le rameur qui baisse la tête est un essoufflé, ou il manque des qualités requises (cardiaques ou pulmonaires), ou il n'a subit qu'un entraînement insuffisant.

La bouche ouverte dès le début du parcours est également un mauvais indice. Cette attitude indiquera souvent une déficience nasopharyngienne sur laquelle il faudra veiller,

Figure 21.

parce qu'elle serait une cause d'essoufflement brutal et parfois de syncope.

Il faut donc, de la part du capitaine : attention, autorité et sang-froid ; de la part des équipiers, calme et obéissance.

Le N° 1 est toujours chef de nage, on le choisira énergique et robuste. Entre deux rameurs de même qualité, on prendra de préférence le plus léger.

Il est excellent en effet de toujours alléger l'embarcation, en plaçant les poids lourds au centre, la pointe et l'arrière composés de rameurs de peu de poids.

En double-scull, on mettra le plus lourd à l'avant.

Le capitaine, naturellement, aura avantage à posséder une équipe très homogène ; il y parviendra en la faisant travailler souvent et en graduant la cadence.

Cependant, son équipe forméé, il ne changera jamais les bordées, laissant à bâbord, toujours la même, comme à tribord.

Ce sera au rameur à distinguer de quel côté il nage le plus aisément. Il y a là un effet de la constitution de chacun qui ne se modifie que très imparfaitement par l'entraînement.

C'est pourquoi nous conseillons au débutant en aviron, à travailler tout d'abord la nage en couple, destinée à l'équilibrer.

Si l'on prétend ramer en course, il sera nécessaire alors de se soumettre à une hygiène sévère et à proscrire tous les abus. Cette hygiène, comme nous l'avons dit, est semblable à celle des autres sports ; on la trouve aux tomes I, II et III. Nous n'y reviendrons pas.

La course elle-même demande un gros effort, musculaire, respiratoire et circulatoire. Ne s'y présenter qu'en bonne forme et parfait état physique.

Le costume du rameur se compose d'un tricot de coton très fin, à manches courtes, du pantalon de toile très ample et s'arrêtant au-dessus du genou. Comme chaussure : des souliers de cuir souple avec talon.

Pour l'entraînement des jeunes, nous préférons le maillot de laine souple, ou si on tient au tricot de coton, on aura toujours le maillot à portée de la main, afin de s'en revêtir aussitôt l'arrêt.

Figure 22.

IV

Voyons maintenant le coup de rame, qui est toute la technique du rowing.

Si nous le décomposons, nous lui trouvons quatre temps :

1º L'attaque.

2º La passe.

3º Le dégagé.

4º Le retour en avant.

Pour se préparer à *l'attaque*, la position du rameur doit être la suivante :

Il est assis, bien à son aise, le banc ramené à l'extrémité avant de la coulisse. Les genoux sont écartés afin de ne pas gêner le mouvement. La tête est droite, bien dégagée, le buste en souplesse. Les bras sont tendus en avant, les poignets horizontaux, la main entourant le levier, posée en dessous.

Dans cette position, la pelle est à l'arrière, bien perpendiculaire à la surface liquide. L'obliquité de la pelle doit être soigneusement évitée, sinon l'aviron ne trouvant plus de point d'appui dans l'eau, il se produirait un glissement qui empêcherait le démarrage.

Enfin pour l'attaque, la pelle descend dans l'eau, le nageur a une tension du buste, ses pieds s'arcboutent sur la planche.

L'attaque sera toujours franche, sans hésitation et sans heurt. L'embarcation démarre aussitôt d'un bond en avant.

Pour la *passe*, l'aviron étant bien engagé le nageur repousse la planche, des pieds, le banc coulisse en arrière.

Lorsque celui-ci est arrivé au but, les bras à leur tour tirent à eux, ramenant les leviers contre la poitrine.

A ce moment, la passe dans l'eau est achevée. Vient le dégagé, opération minutieuse qui doit être exécutée rapidement et mécaniquement.

En réalité, elle se produit naturellement par un simple dégagement des poignets.

Ceux-ci s'incurvent en dedans, d'une détente brusque, les mains baissent, la pelle tourne sur elle-même d'un demi-cercle et sort parallèlement à la surface.

Alors on renvoie vivement les bras en avant, pour préparer le retour en avant.

Celui-ci s'exécute par une lente inclinaison du buste, combinée

Figure 23.

avec une traction sur les pieds. Ce mouvement sera rythmé et ce sera de sa cadence que dépendra la rapidité de la course.

En ramenant la pelle vers l'arrière, il faudra toujours se garder de plumer l'eau, ce qui entraîne immédiatement une diminution de vitesse.

Voici, décomposé, tout le mouvement du coup de rame; il est simple, mais réclame une grande habitude pour être conduit jusqu'au bout sans faute.

Nous noterons, en passant, qu'à l'attaque, on perçoit lorsqu'elle est faite franchement, un craquement de bois, effet de la résistance de l'eau.

Le dégagé par contre est silencieux, sans éclaboussement. Ce détail indiquerait qu'il a été exécuté avec brusquerie.

D'une façon générale, toute la science de l'aviron se résume dans la cadence; aucun geste ne doit être précipité et paraître assuré tout naturellement par le précédent.

Après le retour en avant, pour replacer la pelle dans la position de l'attaque, il suffit d'allonger de nouveau les poignets.

Entre ce
tour de l'a-
viron et
l'attaque,
il n'y aura
aucun
temps
d'arrêt, on
laisserait
à la barque
la possibi-
lité de ra-
lentir son
élan, ce
qui amè-
nerait un
choc con-
tre l'eau,
tandis que
le glisse-
ment doit
être con-
tinu.

Lors-
que l'on

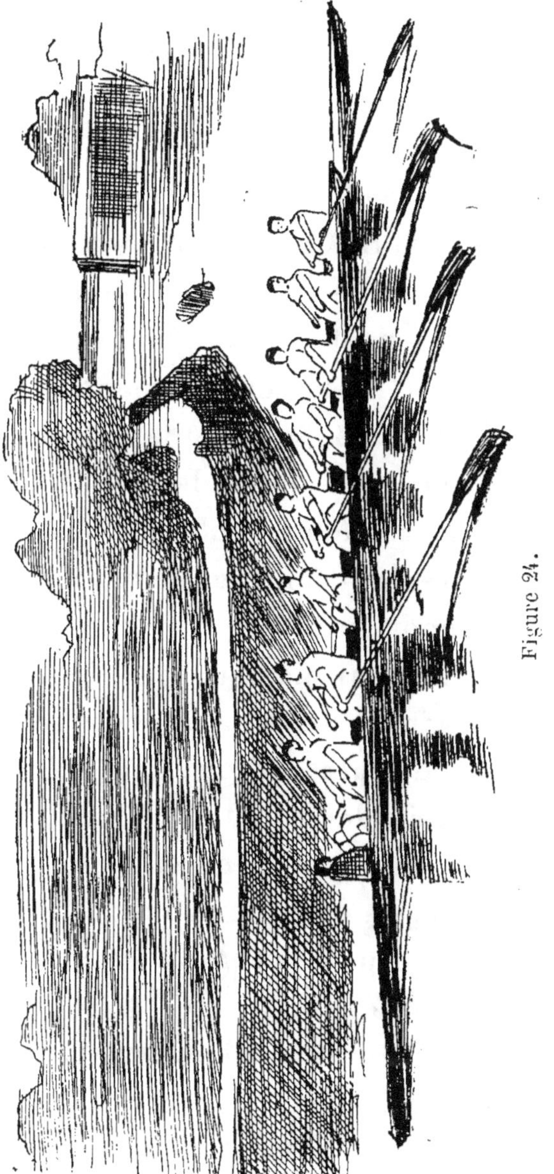

Figure 24.

nage en équipe, le capitaine commande :

1 à l'attaque.

2 au dégagé.

3 au retour en avant.

De crainte que sa voix ne parvienne à tous, il accentuera le commandement d'une brève saccade du buste, ce qui aura l'avantage de lui fournir à lui-même une bonne cadence.

En tout cas, un capitaine n'aura jamais peur de crier ; les commandements seront secs, parce que tout le temps qu'ils durent, le rameur instinctivement continue le mouvement auquel ils se rapportent.

Le barreur manœuvre toujours avec discrétion, sans secousse, par petits coups légers. Ces coups de barre auront lieu lorsque les pelles sont hors de l'eau.

Tout autre procédé entraîne une diminution de vitesse. C'est donc une tâche excessivement délicate que de barrer avec une équipe un peu importante.

Si une bordée est plus vigoureuse que l'autre il s'ensuit une légère déviation à laquelle le barreur parera doucement par tensions successives. Le premier soin de celui-ci est de bien

Figure 25.

garder sa ligne d'eau et il est nécessaire d'acquérir une certaine habitude pour y parvenir sans heurt.

Néanmoins il ne perdra pas de vue ses coéquipiers, afin de contrecarrer toute défaillance.

Une course bien menée échoue fort souvent par la faute d'un barreur inattentif ou trop brutal dans ses mouvements.

Les barreurs sont souvent choisis parmi les enfants à cause de leur poids minime. Ils ne s'en montrent pas moins à la hauteur de leur tâche qu'ils prennent très au sérieux, première condition de succès en toute chose.

Il reste enfin une période d'inaction dans l'entraînement, pendant la durée de l'hiver. L'athlète se tiendra en bonne forme, s'il prend part aux différents sports réclamant une certaine vigueur. A ce point de vue, le foot-ball est à recommander.

Les seniors seuls se permettront des montées d'hiver, les juniors attendront de préférence les beaux jours.

V

La Fédération des Sociétés d'Aviron, reconnaît trois sortes de courses :

La course en ligne droite.

La course avec virages.

La course au piquet.

Dans la première catégorie, le départ est donné de bouées fixes, les barques sont alignées par l'étrave.

Le starter après l'avertissement, lance le « partez », il abaisse également son fanion. Quelques départs sont également donnés au moyen d'un coup de feu, ce qui est peu pratique, à cause de la surexcitation nerveuse momentanée que cause la détonation.

La ligne d'arrivée est marquée de bouées et chacune des arrivées est indiquée par le mouvement d'un fanion.

Le barreur devra veiller à garder sa ligne d'eau, sinon son embarcation risquerait d'être mise « out. »

La course en ligne droite est assurément la plus simple, sans cependant réclamer un moindre effort. Nous n'avons aucun conseil particulier à donner ici, il suffit de posséder un suffisant entraînement pour soutenir l'effort et nager vite.

Dans la deuxième catégorie, le départ est donné de la même façon que précédemment.

Le virage se fait autour d'une bouée, généralement chaque équipe a sa bouée. Si une même bouée sert à toutes les barques, elles se doubleront mutuellement, la première en tête serrant la bouée.

Le virage a lieu d'ordinaire à bâbord et c'est là un point qu'il ne faut pas oublier à l'entraînement.

De même pour exécuter un bon virage sans perte de temps, une certaine habitude est nécessaire. A ce moment le sang-froid du barreur aura le rôle le plus important. Le commande- ment lancé trop tôt ou trop tard, amène une suspension brève de la course.

Il ne devra donc pas quitter la bouée des yeux et lorsque celle-ci se trouvera à la hauteur de la pointe de son esquif, il lancera «scie». Au préalable, il aura prévenu son monde d'une façon

Figure 26.

quelconque. Au signal, la bordée de bâbord, coupe l'eau en sifflet sans lever l'aviron, tandis que les tribordais continuent à nager d'une façon très courte.

Autrement dit : les bâbordais, le coup d'aviron achevé, ne le retirent pas de l'eau et tournent légèrement la pelle de biais, demeurant ainsi jusqu'à ce que la bouée soit tournée.

La nage des tribordais sera plus rapide à petits coups d'aviron.

Les deux bordées reprennent ensemble, au commandement de : « Partout », donné par le barreur.

La difficulté gît ici dans le virage, une certaine habitude des divers mouvements est nécessaire et surtout une bonne entente entre le barreur et son équipe.

Nous avons conseillé, dans une équipe de ne jamais changer les bordées. Ce conseil a ici son importance et le mouvement de ralentissement des bâbordais est assez difficile à apprendre pour qu'on ne les dérange pas dans l'entraînement.

Les courses au piquet se pratiquent au moyen de cordes tendues de 100 mètres en

100 mètres. Ce procédé est employé lorsque la longueur manque pour permettre le départ bord à bord.

Elles n'ont aucune caractéristique particulière et ressemblent aux précédentes dans leurs détails.

Dans les divers championnats, les équipes françaises ont brillé souvent, et c'est assurément un des sports où nous pouvons nous présenter sans crainte, grâce à la sélection normale qui se fait parmi les rameurs.

Aux championnats régionaux prennent part juniors et seniors.

Dans les championnats de France, les seniors généralement sont seuls admis, sauf en skiff. Ces courses se disputent sur 2.000 mètres avec départ bord à bord.

Quant aux championnats

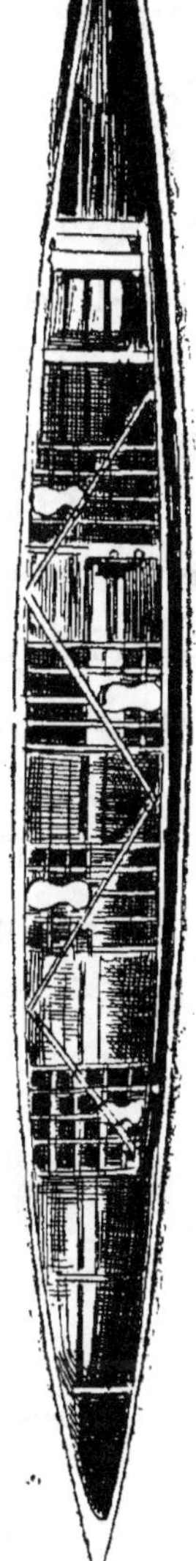

Fig. 27. — Intérieur d'une yole.

d'Europe, ils réunissent naturellement tous les as de l'aviron.

Comme dernier conseil, nous répéterons aux coureurs : prenez garde aux refroidissements qui sont subits à cause de la proximité de l'eau. Ayez donc votre maillot de laine tout prêt et enfilez-le dès la fin de la course.

Ensuite, allez vous allonger, le corps parfaitement étendu, pendant un quart d'heure environ. Cela délasse le cœur qui vient de fournir un effort considérable.

Conclusion, pour être un bon champion de l'aviron, il faut :

Un bon cœur.

De bon poumons.

Des muscles vigoureux.

et... de l'hygiène.

TABLE DES MATIÈRES

PREMIÈRE PARTIE

LA NATATION

Pages.

CHAPITRE I. — Généralités sur la natation; le rôle de la respiration. L'heure du bain, sa durée, quelques prescriptions 5

CHAPITRE II. — La brasse française. Technique. Décomposition du mouvement. Enseignement à terre, entrée à l'eau 15

CHAPITRE III. — La planche. Sa technique. Les nages sur le dos. Mouvement des bras, des jambes 23

CHAPITRE IV. — Le crawl. Sa technique. Décomposition du mouvement. Comment on l'apprend; comment on le nage bien 29

CHAPITRE V. — Le trudgen. Sa technique. Son rôle en course. Comment on l'apprend vite 35

CHAPITRE VI. — L'over-arm-stroke. — Nage de fond. Sa technique, le rôle de la respiration. A quel moment on l'apprend 41

Chapitre VII. — Le plongeon. Sa technique. Comment on apprend à plonger. Les 4 plongeons classiques. Contre-indications 47

Chapitre VIII. — La plongée. Sa durée; ce qu'il est humainement possible. M. Delalyman, le sportman vivant dans l'eau. 57

Chapitre IX. — Le sauvetage. Le procédé classique. 63

Chapitre X. — Entraînement; hygiène spéciale; contre-indications; soins, massages 67

Chapitre XI. — Le water-polo. Code international. Qualités nécessaires aux joueurs 73

Chapitre XII. 95

DEUXIÈME PARTIE

L'AVIRON

Chapitre I. — Généralités sur l'aviron. Les différentes sortes d'embarcations. Canots de course, canots de plaisance 99

Chapitre II. — Les éléments d'une barque; leur description, leur nom, leur entretien 109

Chapitre III. — Hygiène générale; contre-indications; entraînement, costume. 117

Chapitre IV. — Le coup de rame; sa décomposition, sa technique; position des bras et des poignets. Le travail du barreur. 139

Chapitre V. — Les diverses catégories de courses; les championnats; la participation aux grands concours 149

TABLE DES GRAVURES

		Pages.
FIGURE 1.	— Brasse française, position de départ.	9
FIGURE 2.	— Brasse française, 1er temps	17
FIGURE 3.	— Brasse française, décomposition du mouvement	25
FIGURE 4.	— Nage sur le dos	33
FIGURE 5.	— Le Crawl, décomposition du mouvement	45
5 bis.	— Le Crawl, décomposition du mouvement	49
FIGURE 6.	— Comment on apprend le crawl les pieds sur une barre de bois flottante.	53
FIGURE 7.	— Trudgen.	61
7 bis.	— Trudgen.	65
7 ter.	— Trudgen	69
FIGURE 8.	— Trudgen, mouvement des bras. . . .	77
FIGURE 9.	— Over-arm-stroke	81
FIGURE 10.	— Over-arm, attaque du bras droit. . .	85
FIGURE 11.	— Over-arm, mouvement complet. . .	89
11 bis.	— Over-arm, mouvement complet . . .	91
FIGURE 12.	— Comment on apprend à plonger, 1er temps	93
FIGURE 13.	— Plongeon, 2e temps.	97

FIGURE 14. — Plongeon, 3e temps 101
FIGURE 15. — Plongeon classique 105
FIGURE 16. — Suédoise. 113
FIGURE 17. — Saut de carpe 121
FIGURE 18. — Saut de l'ange 125
FIGURE 19. — Sauvetage, prise de la tête 129
FIGURE 20. — Intérieur d'embarcation de course. . 131
FIGUEE 21. — 133
FIGURE 22. — 137
FIGURE 23. — 141
FIGURE 24. — 143
FIGURE 25. — 145
FIGURE 26. — 151
FIGURE 27. — Intérieur d'une yole 153

Saint-Denis. — Imp. J. Dardaillon.

BIBLIOGRAPHIE

———

OUVRAGES RECOMMANDÉS

———

Comment conserver sa santé, Dʳ Toulouse   8 fr. »

L'éducation physique basée sur la physio-
logie musculaire, Ledent. . . . . . . 17 fr. »

La gymnastique respiratoire et la gymnastique orthopédique chez soi, Lamy.   7 fr. »

Ma méthode respiratoire de gymnastique
suédoise, Boyesen . . . .   3 fr. 75

Le danger sportif, Dʳ Guillemare. . . . .   2 fr. »

Guide pratique d'éducation physique,
Lᵗ Héber . . . . 21 fr. »

Muscle et beauté plastique, Lᵗ Héber . . 13 fr. »

Ma leçon type d'entraînement, Lᵗ Héber .   6 fr. »

Ma leçon type de natation, Lᵗ Héber . .   5 fr. »

L'Influence Personnelle

par SCHEMAHNI

Hypnotisme — Magnétisme — Télépathie

Voici enfin l'œuvre tant attendue sur le magnétisme, le véritable traité complet permettant d'acquérir cette force d'énergie qui est la source du bonheur.

C'est la théorie hindoue expliquée et mise à la portée des Européens et il est incontestable que fakirs et yogis sont nos maîtres en cette science encore mystérieuse.

Nous offrons à notre clientèle un ouvrage vraiment complet et peut-être le seul complet sur cette question tant débattue du magnétisme. On verra par les explications qui y sont données que la puissance magnétique doit se considérer sur trois faces différentes et non point uniquement dans la fixité du regard, qui n'est qu'un de ses éléments infimes.

Et comme nous le disions tout à l'heure, c'est la théorie hindoue, les procédés des fakirs, qui nous apportent enfin le véritable éclaircissement. Ces procédés examinés l'un après l'autre, nous en découvrons le but et partant notre moyen de nous les adapter à nous-mêmes, à notre civilisation, aux nécessités de la vie courante.

D'après ces formules, quiconque peut développer cette puissance qui est en nous à l'état de potentialité innée.

On y voit également la théorie sincèrement étudiée des mondes de l'astral qui nous enveloppent et peut-être nous dirige.

En un mot, un livre unique, complet, sincère, et d'une compétence simple. L'auteur dévoile ce qu'il a appris sans forfanterie, et sans la nébulosité qu'emploient certains occultistes pour cacher le vide des idées.

Un fort volume in-8°

illustré de figures techniques

Prix **15** francs. Franco : **15** fr. **75**